《图说新科技》系列丛书

图说基因工程

陶伟 李雪 主编

U0335500

中国农业科学技术出版社

图书在版编目（CIP）数据

图说基因工程 / 陶伟，李雪主编 . —北京：
中国农业科学技术出版社，2015.1（2019.6重印）

ISBN 978-7-5116-0859-8

Ⅰ.①图… Ⅱ.①陶… ②李… Ⅲ.①基因工程－图解
Ⅳ.① Q78-64

中国版本图书馆 CIP 数据核字 (2013) 第 027952 号

责任编辑 史咏竹
责任校对 贾晓红

出　　版	中国农业科学技术出版社	
	北京市中关村南大街 12 号　　邮编：100081	
电　　话	（010）82109707　82106626（编辑室）	
	（010）82109702（发行部）　（010）82109709（读者服务部）	
传　　真	（010）82109707	
网　　址	http://www.castp.cn	
经　　销	全国各地新华书店	
印　　刷	香河利华文化发展有限公司	
开　　本	710 mm×1000 mm　1/16	
印　　张	10.5	
字　　数	188 千字	
版　　次	2015 年 1 月第 1 版　2019 年 6 月第 4 次印刷	
定　　价	29.00 元	

《图说基因工程》

编委会

主　编

陶　伟　李　雪

副主编

孙宝林　穆玉红　史咏竹

内容提要

    本书共有五章内容，第一章为基因工程概述；第二章介绍了动物基因工程；第三章介绍了植物基因工程；第四章介绍了医药基因工程；第五章介绍了微生物基因工程。

    本书图文并茂，兼具知识性与趣味性为一体，适合所有对基因工程感兴趣的读者阅读。

前　言

　　人类历史的每一次重大进步都与科学技术发展密切相关，生活在 21 世纪的
我们，亲眼目睹了科学技术的突飞猛进，而这种情况引起的后果之一，就是科学
技术前沿离公众能理解和接收的平台愈来愈远；与此同时，科学技术也正以空前
的深度和广度影响着社会经济发展以及人类生活，这种状况又激发了公众对科学
技术前言的关注和了解的热情。

　　基因工程是现代分子生物技术的重要组成部分，它是 20 世纪发展起来的一门
新兴技术。这一新技术的兴起，标志着人类已进入定向控制遗传性状的新时代。通
常认为，遗传工程是按照人们预先设计的蓝图，将一种生物的遗传物质绕过有性繁
殖导入另一种生物中去，使其获得新的遗传性状，形成新的生物类型的遗传操作。
遗传工程一般有广义与狭义之分，广义的遗传工程主要包括细胞工程与基因工程；
狭义的遗传工程就是指基因工程。一般所说的遗传工程多指基因工程。

　　从 20 世纪 70 年代初发展起来的基因工程技术，经过几十年来的进步与发展，
已经成为生物技术的核心内容。科学家断言，生物学会成为 21 世纪最重要的学
科，基因工程及相关领域的产业会成为 21 世纪的主导产业之一。基因工程研究
与应用范围涉及农业、林业、工业、医药、环保等诸多领域。

　　基因工程的应用范围如此之广，其未来的发展潜力必然不可小觑。为了满
足普通读者对基因工程技术的求知愿望，帮助读者认识和了解基因工程技术及其
应用，特编写了这本趣味十足的《图说基因工程》。本书通俗有趣，将一些看似
艰深的新名词融入有趣的漫画中，通过容易理解的趣味漫画，轻松地勾勒出原本
令人畏之如虎的新概念，使读者在充满乐趣的情境中轻松地学会晦涩难懂的新概
念、新知识。在本书的编写绘制过程中，编者本着严谨负责的态度，力主做到内
容健康、丰富生动有趣、科学、全面。

　　基因工程领域的发展日新月异，科技成果不断涌现，限于编者水平和学识有
限，尽管编者尽心尽力，反复推敲核实，但书中仍不免有疏漏和未尽之处，恳请
有关专家和读者提出宝贵意见予以批评指正，以便作进一步修改和完善。

目 录

第一章　初识基因工程　3

1. 什么是基因工程　3
2. 基因工程诞生理论上的三大推手　6
3. 基因工程诞生技术上的三大推手　9
4. 基因工程的呱呱坠地　11
5. 基因工程的一路成长　13
6. 基因工程"五花八门"的工具　16
7. 追根问底——基因操作的基本原理　18
8. 基因工程的基本过程　20
9. 基因工程在功能基因组学研究中的"大显身手"　21
10. 基因工程在工业领域的"小试牛刀"　23
11. 基因工程在农业领域的"如鱼得水"　26
12. 基因工程在医药领域的"大放异彩"　29

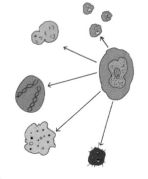

第二章　动物基因工程　32

1. 动物转基因的"身体构成"　32
2. 动物转基因的表达特性　34
3. 目的基因的选择　36
4. 保持自我——物理转染法　38
5. 改造自我——化学转染法　42
6. 感染自我——病毒转染法　45
7. DNA 显微注射法制备转基因小鼠　47

8. 胚胎干细胞法制备转基因小鼠　49

9. 转基因方法的"与时俱进"　51

10. 转基因动物打破传统农业生产格局的表现　54

11. 转基因技术在动物育种中的"精彩表现"　57

12. 转基因动物在医学研究中的"无穷魅力"　59

13. 转基因动物的生物安全性　62

14. 动物转基因技术面临的窘境　66

15. 动物转基因的光明未来　70

第三章　植物基因工程　72

1. 高等植物的遗传学个性　72

2. 植物转化的受体系统　74

3. 植物基因工程中的选择基因　77

4. 什么是报告基因　80

5. 害虫杀手——抗虫转基因植物　83

6. 病害专家——抗病转基因植物　86

7. 杂草天敌——抗除草剂转基因植物　88

8. 提高产量和品质的转基因植物　90

9. 其他"色彩缤纷"的转基因植物　94

10. 植物生物反应器　98

11. 植物作为制备基因工程疫苗生物反应器的优越感　100

12. 转基因植物生产疫苗的程序　102

13. 转基因植物的安全性　104

第四章　医药基因工程　107

1. 什么是基因治疗　107

2. 挖一挖，基因治疗的内容是什么　109

3. 基因治疗的途径及策略　111

4. 基因治疗的分子机制　114

5. 基因治疗的前景　116

6. 遗传病的基因治疗　119

7. 肿瘤特异性基因治疗　122

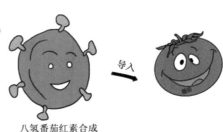

八氢番茄红素合成
酶编码基因

8. 艾滋病的基因治疗　124

9. 扒一扒，基因工程药物的分类　127

10. 基因工程药物的发展　128

11. 基因工程药物的"个性特征"　131

12. 基因工程药物的研发之路　133

13. 刨一刨，什么是基因工程疫苗　136

14. 核酸疫苗的无敌魅力　138

第五章　微生物基因工程　140

1. 细菌基因工程的发展现状　140

2. 细菌基因工程的表达系统　143

3. 改善基因工程菌不稳定性的"五计"　144

4. 细菌基因工程的实践形式　145

5. 微生物基因工程农药的"show time"　147

6. 微生物肥料的"show time"　150

7. 环境微生物基因工程菌的"show time"　151

8. 酵母基因工程的优雅魅力　153

9. 酵母基因工程的发展现状　155

10. 酵母基因工程的发展趋势　157

老弟，听说过基因工程吗？

嗯？基因工程？？是不是关于DNA、遗传物质之类的事？

呵呵，说得有点儿靠谱，不会是在电视剧中听到的吧？

嘿嘿！还真是，电视剧中经常会出现验DNA之类的情节。

当然不是，基因工程的内涵很广，怎么可能这么容易就弄清楚呢。

不过，老兄，基因工程总不会像我认识的这么肤浅吧？

第一章 初识基因工程

1. 什么是基因工程？

基因工程，原称遗传工程（Genetic engineering）。

> 看来我前面说的的确有些靠谱嘛！

从狭义上讲，基因工程是把一种或者多种生物体（供体）的基因与载体在体外进行剪接重组，然后转入另外一种生物体（受体）内，使之根据人们的意愿遗传且表达出新的性状。

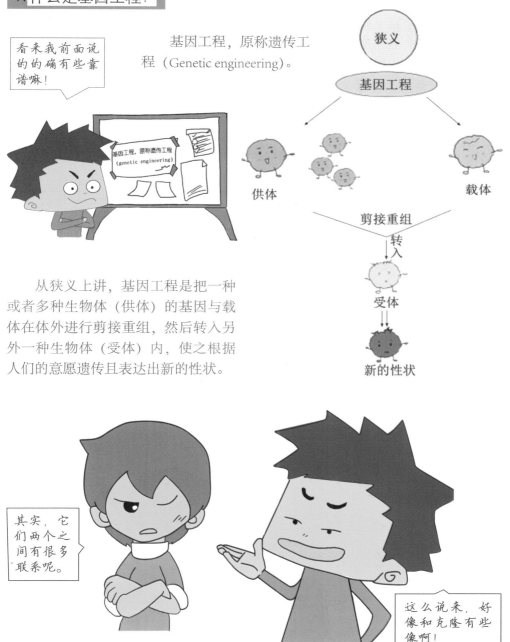

狭义

基因工程

供体　　　　　　　载体

剪接重组

转入

受体

新的性状

> 其实，它们两个之间有很多联系呢。

> 这么说来，好像和克隆有些像啊！

供体、受体、载体是基因工程的三大要素，其中，相对于受体来说，来源于供体的基因属于外源基因。除少数 RNA 病毒之外，几乎所有生物的基因均存在于 DNA 结构中，而用于外源基因重组剪接的载体也都是 DNA 分子，所以基因工程也称为重组 DNA 技术。

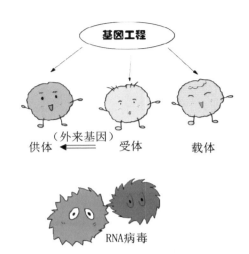

此外，DNA 重组分子一般需要在受体细胞中复制扩增，因此，也将基因工程表征为分子克隆。

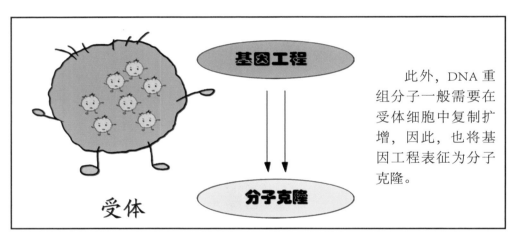

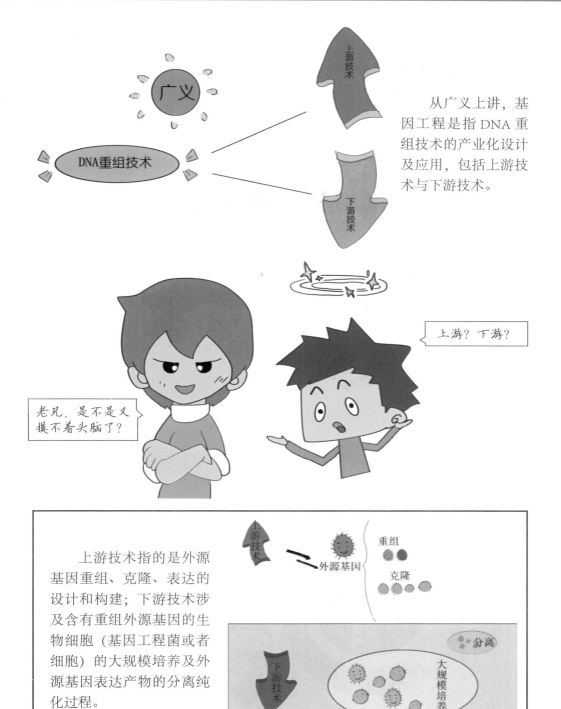

从广义上讲，基因工程是指 DNA 重组技术的产业化设计及应用，包括上游技术与下游技术。

上游？下游？

老兄，是不是又摸不着头脑了？

上游技术指的是外源基因重组、克隆、表达的设计和构建；下游技术涉及含有重组外源基因的生物细胞（基因工程菌或者细胞）的大规模培养及外源基因表达产物的分离纯化过程。

上游 DNA 重组的设计必须要以简化下游操作工艺与装备为指导，而下游过程则是上游基因重组蓝图的体现和保证。

可以说，狭义的概念倾向于生物学范畴，而广义的概念更倾向于工程学范畴。

哈哈！经你这么一说，我好像有点儿开窍了。

2. 基因工程诞生理论上的三大推手

现在人们公认，基因工程诞生于 1973 年，它的诞生是数十年来无数科学家辛勤劳动的成果和智慧的结晶。

概括起来，对基因工程诞生起决定作用的是现代分子生物学领域理论上的三大发现及技术上的三大发明。

三大发现？
三大发明？

是不是很想知道？那首先我们来看看三大发现吧！

第一大发现：证实了 DNA 是遗传物质。1944 年，科学家通过肺炎球菌的转化实验，一方面证明 DNA 是遗传物质，另一方面证明了 DNA 可将一个细菌的性状转给另一个细菌，明确了遗传信息的携带者，即基因的分子载体是 DNA 而不是蛋白质。

DNA是遗传物质

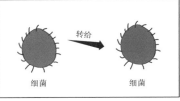

细菌　　转给　　细菌

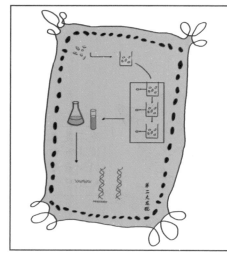

　　第二大发现：揭示了 DNA 分子的双螺旋结构模型和半保留复制机理。自从证明 DNA 是遗传物质后，人们对基因的化学组成、结构与突变进行了深入的研究，特别是对 DNA 的 X 射线衍射分析结果。

　　第三大发现：遗传密码的破译和遗传信息传递方式的确定。1964 年，科学家经过研究，发现遗传信息是通过密码方式传递的，每 3 个核苷酸组成一个密码子，代表一个氨基酸。1966 年 64 个密码子均被破译且编排了密码表。

8

这三大发现极大地促进了生命科学的迅猛发展，为基因工程的诞生奠定了极为重要的理论基础。伴随着这些问题的解决，人们期盼已久的，应用类似于工程技术的程序，能动地改进生物的遗传特性，创造具有优良性状的生物新类型的美好夙愿，从理论上讲已经具备了转变为现实的可能性。

3. 基因工程诞生技术上的三大推手

当然知道，我的记性又没那么差，来一起看看吧。

对了，老兄，了解完三大发现，还有三大发明呢？

第一大发明：限制性核酸内切酶的发现与 DNA 的切割。应用限制性核酸内切酶，研究者几乎可随意将 DNA 分子切割成一系列不连续的片段且利用凝胶电泳技术，将这些片段按分子质量大小分开，从而可获得所需要的 DNA 特殊片段。

怎么样，是不是感觉很神奇呀？

Good!

对啊，技术好先进啊！

第二大发明：DNA 连接酶的发现与 DNA 片段的连接。DNA 连接酶的发现对 DNA 重组技术的创立具有重要的意义。1967 年，世界上有 5 个实验室大约同时发现了 DNA 连接酶。1972 年底，人们已掌握了几种连接双链 DNA 分子的方法，基因工程的创立又向前迈进了重要的一步。

第三大发明：基因工程载体的研究与应用。由于大多数 DNA 片段不具备自我复制的能力，为了能够在寄主细胞中进行繁殖，必须把 DNA 片段连接到一种特定的、可以自我复制的 DNA 分子上。这种 DNA 分子即为基因工程载体。

呵呵，理解力还挺强的嘛！

这么说来，第三大发明是基因工程诞生的重要基础啊。

基因工程载体的研究和发现，是基因工程诞生的重要技术基础。基因工程的载体研究先于限制性核酸内切酶。

既然我们已经知道了基因工程诞生的理论技术基础，那么它究竟是如何诞生的呢？

嘿嘿！这个嘛……且听下回分解。

4. 基因工程的呱呱坠地

20 世纪 70 年代初期，除了理论与技术上的重大发现以外，与基因工程相关的一些技术等均得到一定发展，并且很快地被运用到基因操作实验。因此，无论在理论上、还是技术上，均已经具备开展 DNA 重组的工作条件。

1972 年，美国斯坦福大学领导的研究小组，在世界上第一次成功地实现了 DNA 体外重组，并因此与另两位科学家共同获得了 1980 年的诺贝尔化学奖。

诺贝尔化学奖章

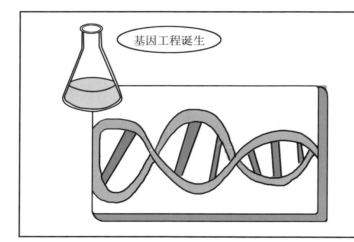

基因工程诞生

1973 年，斯坦福大学的专家进行了相关的 DNA 重组实验。实现了基因工程发展史上第一次重组体转化成功，基因工程从此诞生了。1973 年被定为基因工程诞生的元年。

原来基因工程这么年轻，真是青春年少，充满活力啊！

所以说，基因工程的发展前途无量嘛！

5. 基因工程的一路成长

基因工程研究的发展，大致可以分为以下3个阶段。

唉，万事开头难啊！

禁止实验

第一是艰难阶段。基因工程的诞生受到了人类的广泛关注，但当时科学界对这项技术诞生的第一个反应，就是禁止有关实验的继续开展。

公约

限制基因重组的实验规模

1975 年西欧几国签署公约，限制基因重组的实验规模。第二年美国政府也制定了相应的法规。

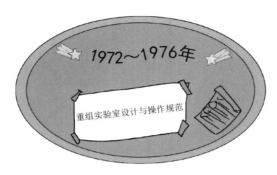

众多安全可靠的技术支撑以及巨大的潜在诱惑力，终于使 DNA 重组技术走出了困境，并且迅速发展起来。

然而 1972—1976 年，人们对 DNA 重组所涉及的载体与受体系统进行了有效的安全性改造，同时，建立了一套严格的 DNA 重组实验室设计与操作规范。

第二是成熟阶段。1977 年，日本科学家首次在大肠杆菌中克隆且表达了人的生长激素释放抑制素基因。第一次实现了真核基因在原核细胞中的表达，轰动了全世界，各种指责渐渐消失。

1978 年，美国 Genen-tech 公司研制了利用重组大肠杆菌合成人胰岛素的先进生产工艺，从而揭开了基因工程产业化的序幕。

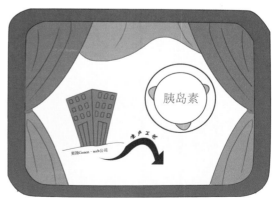

第一个转基因小鼠

1982 年，首次通过显微注射培育出世界上第一个转基因动物——转基因小鼠。

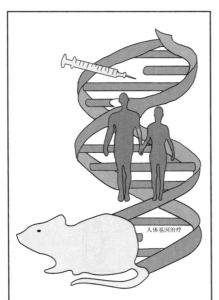

人体基因治疗

第三是发展阶段。20 世纪 80 年代以来，基因工程已开始朝着高等动植物物种的遗传特征改良及人体基因治疗等方向发展，开发了一系列新的基因工程操作技术。

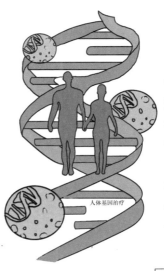

人体基因治疗

1991 年，美国倡导在全球范围内实施人类基因组计划。该计划于 2000 年完成了人类基因组工作框架图，2001 年公布了人类基因组图谱及初步分析结果。

看来，我们所处的 21 世纪，将会成为基因工程研究的鼎盛时期，很多产品都会打上基因工程的标记。

21世纪

6. 基因工程"五花八门"的工具

20世纪70年代，科学家着眼于研究将重组DNA分子转入细胞中，从而掀开了DNA重组技术的新纪元。这一切主要来源于基因工程工具的发展和成熟。

老兄，听说过基因工程的工具吗？

工具？让我想想……是不是什么酶之类的。

你这个答案嘛……

唉，老弟，你也知道我是似懂非懂的，还是请你这个高人赐教一下吧！

大肠杆菌和病毒是基因操作的车间。基因能够很好地进行操作的一个重要原因，是科学家对大肠杆菌与病毒作了大量原创性工作。因此，有关它们的生物化学、形态学、生理学与遗传学均已了解得十分清楚，而且大肠杆菌的基因组序列测定工作也已完成。

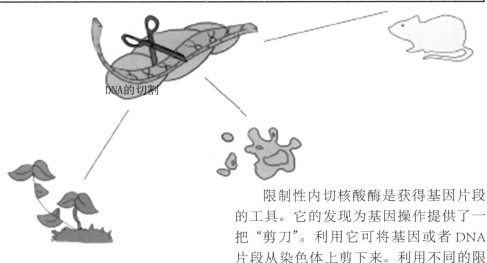

DNA的切割

限制性内切核酸酶是获得基因片段的工具。它的发现为基因操作提供了一把"剪刀"。利用它可将基因或者 DNA 片段从染色体上剪下来。利用不同的限制酶可对感兴趣的 DNA 在所需的部位进行切割，而不论该 DNA 是来自动物、植物或微生物。

磷酸二酯键

连接酶是连接基因片段的工具。连接酶可以把结合在一起的 DNA 片段连接起来，以此形成稳定的化学键（磷酸二酯键），从而实现 DNA 重组以至基因工程。

质粒和病毒

质粒和病毒是基因操作的载体。质粒可作为携带 DNA 进入细胞且维持其复制的载体。同样病毒也可以作为载体把外源基因整合到宿主的染色体上，实现基因的转移及传代。

哇，这些看似平凡的物质竟然如此神奇，真是让我大开眼界啊！

7. 追根问底——基因操作的基本原理

老兄，虽然我已经了解了很多有关基因的知识，可是它究竟怎么操作，我仍然是一头雾水啊！

那我就来说说 DNA 和 RNA 的操作以及基因克隆吧！

方便熟练的基因操作技术是实现基因工程的基础，对承载基因的 DNA 与 RNA 的体外及体内操作构成了基因工程的基础工作。

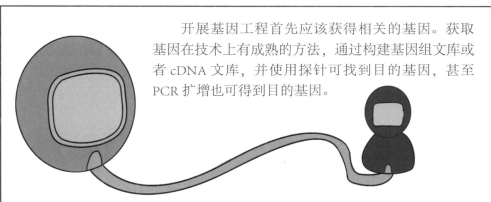

开展基因工程首先应该获得相关的基因。获取基因在技术上有成熟的方法，通过构建基因组文库或者 cDNA 文库，并使用探针可找到目的基因，甚至 PCR 扩增也可得到目的基因。

但若没有直接可用的探针与序列信息，基因克隆便变成一个复杂而深奥的工作。随着基因组与功能基因组工作的大规模开展，人们在获取基因方面将会前景广阔。

8. 基因工程的基本过程

依据定义，基因工程的整个过程由工程菌（细胞）的设计构建与基因产物的生产两大部分组成。前者一般在实验室里进行，其操作过程如下。

 从供体细胞中分离出基因组 DNA，用限制性核酸内切酶分别把外源 DNA（包括外源基因或者目的基因）与载体分子切开。

 用 DNA 连接酶把含有外源基因的 DNA 片段连接到载体分子上，构成 DNA 重组分子。

 借助于细胞转化手段把 DNA 重组分子导入受体细胞中。

 短时间培养转化细胞，以扩增 DNA 重组分子或者使其整合到受体细胞的基因组中。

 筛选与鉴定经转化处理的细胞，获得外源基因高效稳定表达的基因工程菌或者细胞。

9. 基因工程在功能基因组学研究中的"大显身手"

基因工程技术诞生以后，迅速应用于工业、农业、医药、食品等行业和领域，显示了生命科学这一核心新生技术的强大生命力和巨大的应用前景。

人类基因组计划完成以后，如今生命科学已进入功能基因时代，功能基因组学研究的主要任务有很多。

1　基因定位与基因功能研究。

2　基因表达调控的顺式元件与反式因子的鉴定及转录调控机制的研究。

3　发育的遗传学与基因组学。

4　非编码 DNA 与 RNA 的类型、含量、分布及所包含的信息与功能。

5　基因转录、蛋白质合成与翻译后事件的相互协调。

6　在大分子功能复合体中蛋白质之间的相互作用。

7　个体间单核苷酸多态性变异与健康和疾病间的关系。

8　人类蛋白质组学研究。

9　基因突变同疾病发生与发展之间的关系。

10　药理基因组学等。

对啊，因此，也可以说功能基因组学研究任重道远啊！

啊，研究任务真不是一般多呀！

目前，研究基因的功能一般采用"反向遗传学"的策略。在正常个体中由于全部基因的存在，区分单个基因的具体功能很难，但如果把某个特定的基因突变、删除或者失活后，导致个体某个性状丧失或者发育异常或者疾病产生，则可推知该基因具有决定某性状或者参与某一生化途径的功能。

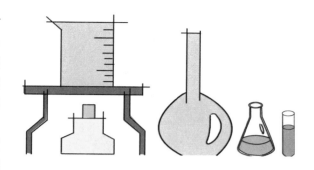

实施基因定点突变、基因敲除、基因敲减以及基因沉默等"基因失活"技术及转基因等"基因过表达技术"或者"异位表达技术"都要运用基因工程的手段，因此，基因工程在功能基因组学的研究中发挥了十分重要的作用。

10. 基因工程在工业领域的"小试牛刀"

既然基因工程技术目前这么"受宠"，相必它在工业领域也有广泛的应用吧。

没错，它在环保工业、能源工业及食品工业上都很受欢迎。

环保工业　能源工业　食品工业

基因工程技术为解决这一难题提供了希望。科学家通过 DNA 重组技术，得到分解性能很高的工程菌种以及具有特殊降解功能的菌株，从而可大大提高有机物的降解效率，同时也可扩大可降解的污染物种类。

环保工业方面，随着化学工业的蓬勃发展，产生了很多化合物，其中，不少都是能持久存在的毒性物质，这些物质的存在对人们的生存环境造成了很大的威胁。

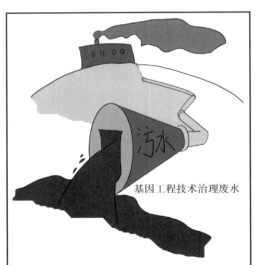

基因工程技术治理废水

含有降解质粒的细菌，在一些特殊环境污染物的降解中发挥着关键性作用。基因工程技术也对治理重金属污染的废水等发挥着重要作用。

能源工业方面，面对严峻的能源利用形势，目前，如何开发新型的、对环境友好的可再生能源已成为一项重要课题，以能源植物为主的生物质能，是人类利用新型的可再生能源的理想选择。

例如，酒精（乙醇）是清洁汽油生产的主要替代物，利用基因工程可提高植物对光能的捕获以及利用效率，有助于实现能源植物改良的目标。纤维素质原料则是地球上最为丰富的可再生资源。通过基因工程改变木质素合成途径中，不同基因的表达可以降低木质素的含量，这是提高纤维素含量的有效办法。

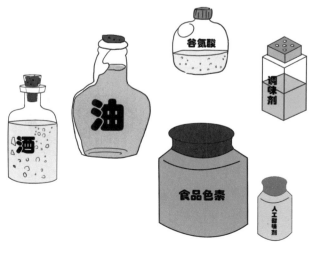

食品工业方面，基因工程技术也有广泛的应用。通过 DNA 重组技术制备转基因植物，可使食品原料得以改良，营养价值大大提高，而且谷氨酸、调味剂、人工甜味剂、食品色素、酒类以及油类等也都能通过基因工程技术生产。

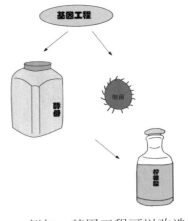

例如，基因工程可以改造豆油的品质，提高其商品价值。目前，国外正大力研究通过基因工程手段用酵母和细菌来生产柠檬酸等食品酸味剂。

11.基因工程在农业领域的"如鱼得水"

伴随着人口数量的不断增加，粮食供给问题在世界上不少地方形势严峻。转基因技术的应用为最终解决粮食问题提供了十分有效的途径。

科学家利用基因工程技术培育出很多种具备抗寒、抗旱、抗盐碱、抗病虫害、抗除草剂以及增加种子中的蛋白质含量或者含油量、增加果实的耐储藏性等优良性状的新品种。

向日葵　黄瓜　胡萝卜　玉米　烟草　大豆　马铃薯

这个我知道，现在有很多转基因农作物。如烟草、番茄、马铃薯、向日葵、胡萝卜、黄瓜、玉米、大豆等。

转基因动物在畜、牧、渔业中应用广泛。科学家利用胚胎显微注射技术，把生长激素基因注入动物的受精卵或者胚胎中，使其发生基因重组，可以使子代特性改变。

牧业　渔业

乳牛　羊羔

如果将牛的生长激素基因在乳牛或者羊羔体内表达后，可以改善食物的转换效率，提高蛋白质对脂肪的比例，以产生瘦肉类型的牛羊。

有人把生长激素基因转进小鼠、鱼、猪、兔的受精卵中，其子代生长速度可大大加快，并将此种特性传给下一代，进而产生了巨鼠、巨鱼、巨猪、巨兔的后代，改变了原有的物种特性，产生了新的品种。

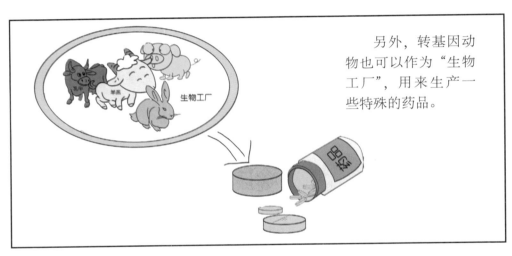

另外，转基因动物也可以作为"生物工厂"，用来生产一些特殊的药品。

特殊的药品？？？怎么感觉有点儿神秘呢。

其实这些药品主要是指转基因动物提供的皮肤、角膜、心、肝、肾等器官。

12. 基因工程在医药领域的"大放异彩"

既然说到转基因动物可以生产药品，我们就来看看基因工程在医药领域的应用吧。

1982 年，美国诞生了世界上第一种基因工程药物 —— 重组人胰岛素。从此以后，基因工程药物成为世界各国政府与企业投资研究开发的焦点领域。

开发成功的 50 多个药品，已经广泛应用于治疗癌症、肝炎、发育不良、囊性纤维病变等一些遗传病中，并且已经形成了一个独立的新型高科技产业。

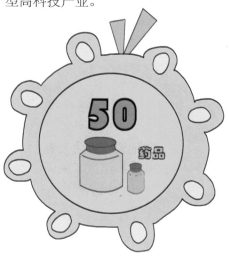

基因诊断和基因治疗

基因工程技术除了可以用于生产预防、治疗疾病的疫苗与药品之外，在疾病的基因诊断和基因治疗方面也正扮演着十分重要的角色。

基因诊断的临床意义在于对疾病作出早期确切的诊断，来确定患者对疾病的易感性及疾病的分期分型、疗效监测与预后判断等。

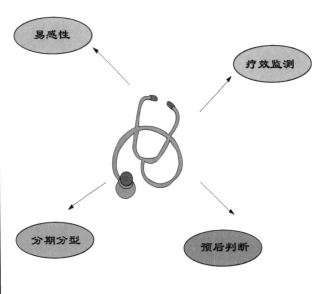

基因诊断将利用重组DNA技术作为工具，直接从DNA水平来确定病变基因及其定位，因此，比传统的诊断手段更为可靠。

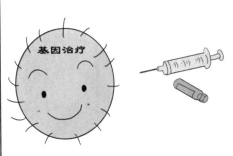

伴随着医学的进步，基因治疗的开展运用，使得医学专家在某些曾经束手无策的顽症面前又看到了希望和光明的前景。

基因治疗是指将外源正常基因导入靶细胞，替代突变基因、补充缺失基因或者关闭异常基因，以此达到从根本上治疗疾病的目的。

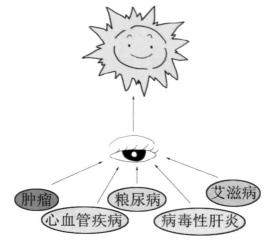

基因治疗可以被认为是征服肿瘤、心血管疾病、糖尿病等遗传性疾病以及病毒性肝炎与艾滋病等最有希望的手段。

因此，如果基因治疗可以顺利开展的话，将是惠民的大事业啊！

目前，人们在一些疑难杂症面前仍然束手无策啊！

第二章 动物基因工程

1. 动物转基因的"身体构成"

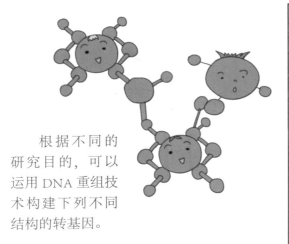

根据不同的研究目的，可以运用 DNA 重组技术构建下列不同结构的转基因。

基因组片段：用 YAC 或者考斯质粒等类型的载体克隆动物基因组片段，可以保持较完整的基因结构，其表达不易受宿主细胞基因组及其他因素的影响，从而能够得到更可靠的、对相关基因体内表达以及调控特征的认识。

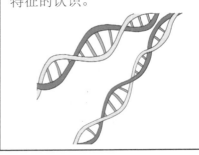

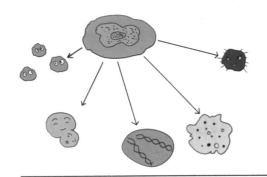

小基因：分别取同一基因的某一或者若干区域组成转基因，用于研究此基因各部分在基因表达调控中的作用。

融合基因：是将不同来源的结构基因、非编码序列及表达调控序列重组在一起，构成杂合转基因单位，它通常包括结构基因和异源调控序列的融合基因、由不同来源的结构基因组成的融合基因及未知功能的调控序列与报告基因的融合基因等。

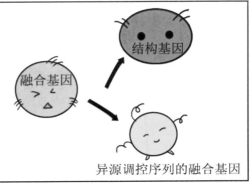

异源调控序列的融合基因

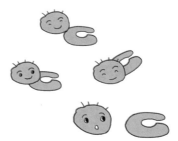

融合基因可是研究最多、应用最广的转基因结构哦！

靶基因：结构基因或者调控序列经诱变或者定向突变处理后，将之重新输回动物体内，用于突变之后基因功能的筛选和检测，既可以作为遗传标记使用，也可研究突变机制及突变位点与基因功能之间的关系。

置换基因：两侧含有动物基因或者其他 DNA 区域的同源序列，用于动物基因的定位分离和克隆，在标记基因的存在下，也可以用于基因的定位灭活。

插入基因：含有在动物染色体上随机或者特异性插入的位点，根据需要也可以加装标记基因，用于动物染色体的基因打靶，体内探测动物基因组的功能。

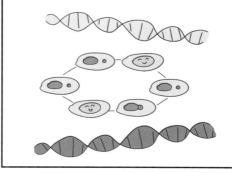

老兄，说句实话，这些"基因"也太拗口了吧！

呵呵，其实关键主要在于理解。

2.动物转基因的表达特性

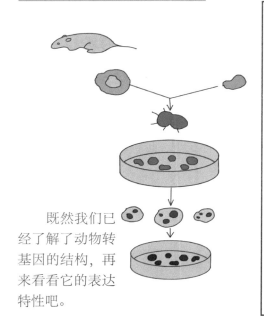

既然我们已经了解了动物转基因的结构，再来看看它的表达特性吧。

时空特异性是动物基因表达调控的一个重要特征，特别在发育过程中，相关基因的时序特异性与组织特异性表达十分严格。在转基因体外重组时全面考虑这些因素，有利于其高效表达。

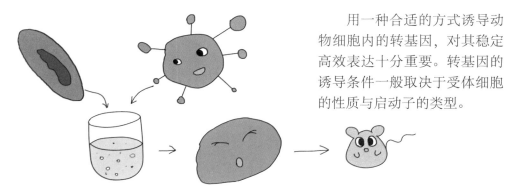

用一种合适的方式诱导动物细胞内的转基因，对其稳定高效表达十分重要。转基因的诱导条件一般取决于受体细胞的性质与启动子的类型。

著名的超级小鼠便是用小鼠的 pMT 启动子同大鼠生长激素编码序列的融合基因作为转基因得到的表型。

在转基因动物体内，转基因的表达特性经常会发生许多出人意料而又难以解释的现象，其中，最为常见的便是转基因的失活，也称作转基因的沉默，它在转基因动植物中时有发生。

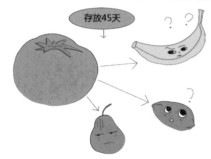

基因的沉默？呵呵，也就是基因的失活现象，这是一种很生动的表达方式嘛！

共抑制效应

到目前为止，转基因失活现象在植物体内研究得较为深入。如果受体细胞染色体上含有转基因的同源伙伴，转基因与内源性同源基因的表达将会同时受到抑制，也就是所谓的共抑制效应。

单方面失活

除了共抑制效应之外，在某些情况下转基因也会单方面失活，而其同源的内源性基因却可以正常表达。

3. 目的基因的选择

目的基因的类型

编码或调控机体生长发育或特殊形态表征的基因：这类基因包括生长激素基因、胰岛素样生长因子-1基因以及人生长激素释放因子基因等，还有促进产毛的基因。

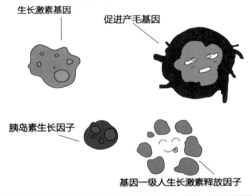

生长激素基因

促进产毛基因

胰岛素生长因子

基因一级人生长激素释放因子

生产转基因动物的目的不同所选择的目的基因也不同。根据不同的研究目标，选择目的基因的类型主要有以下几种。

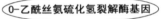

0-乙酰丝氨硫化氢裂解酶基因

丝氨乙酰转移酶基因

体内胱氨酸合成发生增加趋势

1993年Roger等在澳大利亚对小鼠与绵羊导入了丝氨乙酰转移酶基因及0-乙酰丝氨硫化氢裂解酶基因，结果体内胱氨酸合成均发生增加的趋势。

这是不是就意味着可以提高绵羊的产毛量吗？

嘿嘿！原则上讲是这样的。

36

增强抗病作用的基因及免疫调控因子：这类基因一般包括人类促衰变因子基因、鸡马立克病病毒基因等，其目的主要在于培育出抗某些疾病或者具有广谱抗病性的品系。

还有一种基因为编码某些分泌蛋白质的基因。这类基因的主要目的在于制作动物生物反应器，生产一些昂贵的特殊药用蛋白质。

呵呵，举个例子说一下嘛！

举个例子

1990 年，荷兰 Gene Pharming 公司培育出世界第一头转基因乳牛，其奶中含有一定的人乳铁蛋白。

人乳铁蛋白

这可不是一般的奶啊！

4. 保持自我——物理转染法

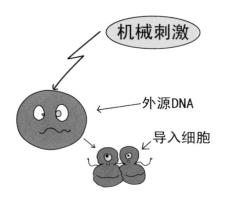

物理转染法是指利用机械刺激把外源 DNA 导入细胞内，从而实现基因转移的实验方法。物理法对所转基因的长度没有限制，但是，其转染效率随着 DNA 长度的加大而降低。

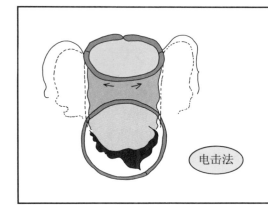

电击法也称为电脉冲刺激法、电激法或者电转化法。其原理是在外加电场的作用下，细胞膜电位会发生改变，细胞质膜瞬间出现可逆性的电穿孔，从而造成一定数量的外源 DNA 从细胞外扩散至细胞质与细胞核内，并且进一步整合到宿主 DNA 上，达到转基因目的。

利用显微注射法已制备了转基因牛、羊、猪、兔、小鼠等动物，并且逐步发展称为转基因动物生产的方法。

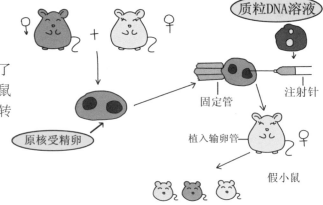

转基因动物

不过，这种方法有个缺陷，就是需要昂贵的设备及操作熟练的技术人员。

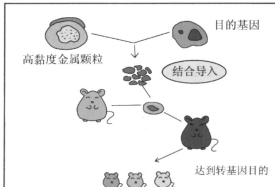

目的基因

高黏度金属颗粒

结合导入

达到转基因目的

　　基因枪法的基本原理是将需要转染的DNA吸附到高黏度的金属颗粒上，在一种加速装置的作用之下，把这些粒子高速打入细胞或组织内，达到转基因目的。

呵呵，真的是"枪"啊！

这种方法的名称很生动吧！

超声波增强基因转染法的主要机制为声波的空化效应造成细胞膜的通透性增高，而通过添加超声造影剂可降低空化域值，增强空化效应，加速外源基因进入细胞内，提高基因的转染效果。

特殊的仪器设备

基因枪法应用的细胞范围广，可进行活体的基因转移，但是，需要特殊的仪器设备，影响因素也很多。

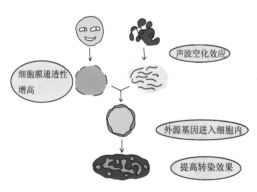

细胞膜通透性增高

声波空化效应

外源基因进入细胞内

提高转染效果

超声造影剂 ？？？

超声造影剂

超声造影剂是内含气体的微气泡，它的蛋白质或者脂质体外壳带正电荷，可同带负电荷的 DNA 相结合，当声能达到一定的强度时，便会导致微气泡破裂，产生空化效应，使局部毛细血管与邻近组织的细胞膜通透性增高，外源基因进入组织或细胞内则更容易。

5.改造自我——化学转染法

基因转移技术既然有物理转染法，相对应的也就有化学转染法。

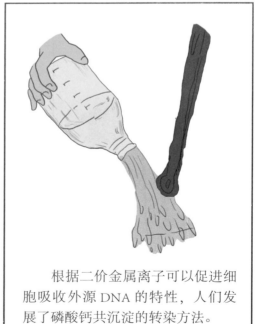

根据二价金属离子可以促进细胞吸收外源 DNA 的特性，人们发展了磷酸钙共沉淀的转染方法。

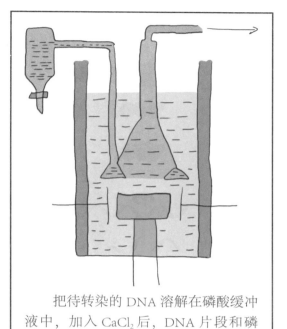

把待转染的 DNA 溶解在磷酸缓冲液中，加入 $CaCl_2$ 后，DNA 片段和磷酸钙共沉淀且形成大的颗粒。

把该颗粒悬浮液加入贴壁培养的细胞中，外源 DNA 便被靶细胞所吸收，从而实现转基因。

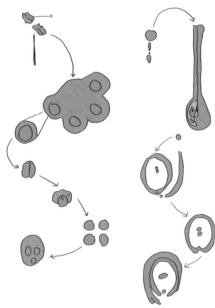

老兄，你觉得这种方法有什么优点？

嗯……操作方便，成本应该也不高。

脂质体是由脂质双分子定向排列而形成的直径由几微米至几毫米的人工制备的超微粒子。

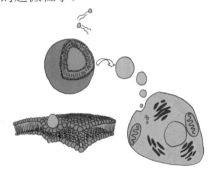

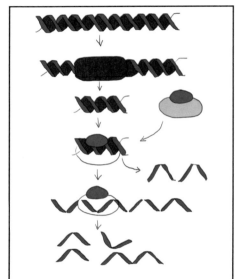

含有目的基因的质粒转化细菌或者酵母细胞，大量扩增，利用溶菌酶或者蜗牛酶去除胞壁部分，在高盐条件之下制成原生质体，然后散铺在单层培养的哺乳动物细胞上，在融合剂的作用下，使染色体或者质粒转入细胞内，实现转基因。

制备脂质体的主要材料是磷脂与类固醇，因其能够把 DNA 分子有效地转入细胞内，且可生物降解、无毒及无免疫原性，而用于动物细胞的转染。

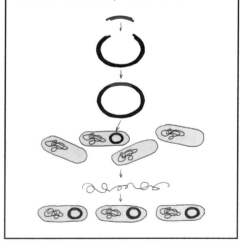

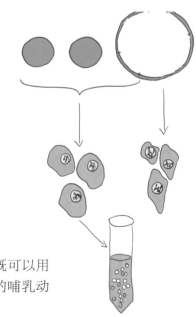

这种方法转化效率高，适用于基因大片段，既可以用于基因的瞬间表达，也可以适用于建立稳定表达的哺乳动物转基因细胞系。

6.感染自我——病毒转染法

除了之前我们说过的方法外，基因转移技术还有一种方法，叫做病毒转染法。

随着分子病毒学研究的逐渐深入，人们对逆转录病毒的分子生物学特性有了较为深刻的理解，并且发现利用逆转录病毒的高效率感染与在 DNA 上的高度整合特性，能够提高基因的转移效率。

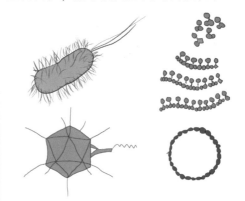

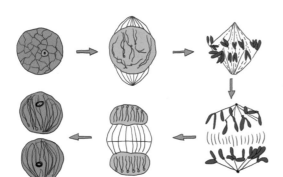

因此，关于以逆转录病毒作为目的基因的载体，通过感染实现外源基因转移方法的研究十分广泛。

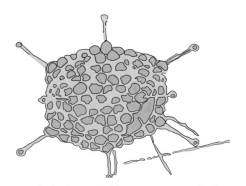

腺病毒是线性双链 DNA 病毒。由它改建的载体的优点：可以插入的外源基因的片段较大，稳定性与安全性较好。

但是，该载体仍存在潜在的危险性，并且它所产生的一些生物活性蛋白对细胞有一定的毒性，可以引起强烈的免疫反应，整合到宿主细胞的基因组中去很难，一般是以附加体的形式存在。

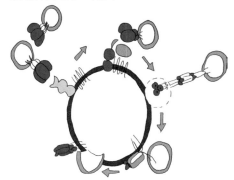

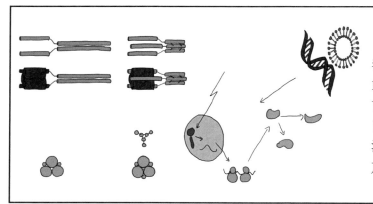

重组痘苗病毒载体是 Moss 与 Paoletti 研究小组首先构建的，现在已被广泛应用于外源基因的表达，生产异源蛋白等。

重组痘苗病毒载体具有其他载体不可比拟的优点：表现在宿主广泛，能感染几乎所有培养的动物细胞，表达的外源蛋白能够在感染细胞内进行有效的加工修饰，并且分泌到细胞外；具有较大的容纳外源基因的能力以及较高的表达效率。

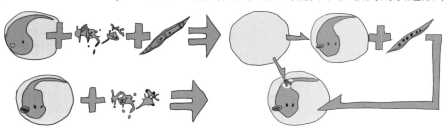

7. DNA 显微注射法制备转基因小鼠

老兄，转基因技术这么多，那具体怎么制备转基因动物呢？

呵呵，别急嘛，我们就来看看怎么用显微注射法制备转基因小鼠吧。

第一步，超数排卵。对年轻、健康未孕的母鼠注射促性腺激素，诱导其超数排卵，与种公鼠合笼交配，从输卵管的壶腹部收集原核期受精卵。

第二步，基因准备。尽管载体 DNA 序列不会影响外源 DNA 的整合效率，但是，载体序列能够抑制转基因的表达，因此，应该尽量去除转基因结构中的载体部分。

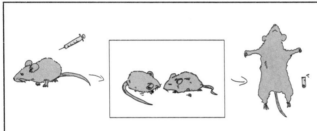

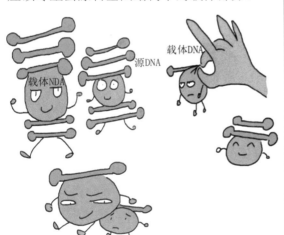

载体DNA

源DNA

载体NDA

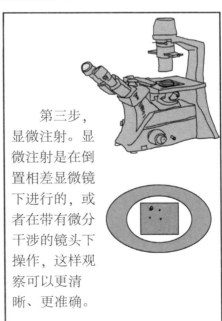

第三步，显微注射。显微注射是在倒置相差显微镜下进行的，或者在带有微分干涉的镜头下操作，这样观察可以更清晰、更准确。

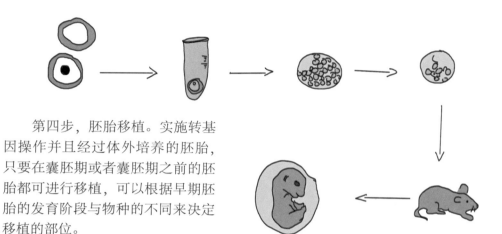

第四步，胚胎移植。实施转基因操作并且经过体外培养的胚胎，只要在囊胚期或者囊胚期之前的胚胎都可进行移植，可以根据早期胚胎的发育阶段与物种的不同来决定移植的部位。

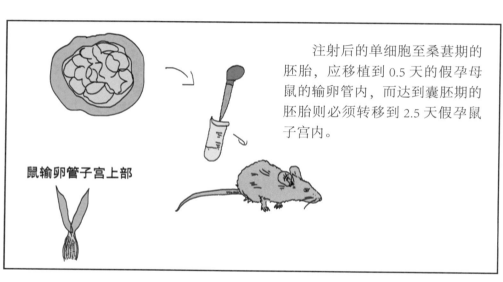

鼠输卵管子宫上部

注射后的单细胞至桑葚期的胚胎，应移植到 0.5 天的假孕母鼠的输卵管内，而达到囊胚期的胚胎则必须转移到 2.5 天假孕鼠子宫内。

第五步，转基因个体的鉴定。接受胚胎移植的假孕母鼠产下来的幼鼠是否具有外源基因，需要先进行分子鉴定，判定其基因组内是否整合了外源基因，最后进行表达产物的分离纯化以及生物活性检测。

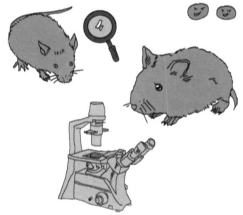

8. 胚胎干细胞法制备转基因小鼠

　　第一步，转基因胚胎干细胞的获得。利用电击法或者脂质体法等方法对小鼠胚胎的干细胞进行转染，通过药物筛选获得转基因胚胎干细胞系。对转基因细胞进行放大培养与分子鉴定，确定无误之后用于囊胚注射。

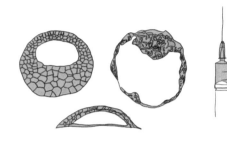

第二步，囊胚注射。收集囊胚期的小鼠胚胎，在显微操作系统下向囊胚腔内注入转基因胚胎干细胞，使转基因胚胎干细胞嵌入到受体囊胚的内细胞团内，参与各种组织器官的形成，进而发育成嵌合体。通常注射8～15个转基因细胞为宜。

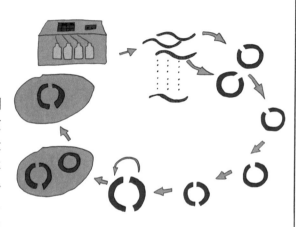

第三步，嵌合体的检测和育种。在嵌合体制备时应该选择具有同一性状（毛色性状等）两个明显不同表型的个体进行嵌合，这样就能够通过外观直接判定是否为嵌合体。另外，也可以通过特异性表达的基因或者基因组扫描方法，在分子水平上予以判定。

截至目前，已经有200余个转基因嵌合体小鼠诞生，为动物功能基因组织学研究作出了巨大的贡献。

9.转基因方法的"与时俱进"

随着科技的发展进步，转基因方法也有了一些新的特点。

呵呵，与时俱进嘛！

从简单的显微注射法向高效率的转基因体细胞核移植方向发展。从转基因的技术手段来看，除 DNA 显微注射法之外，人们不断尝试过反转录病毒载体介导法、精子介导法等多种转基因方法。

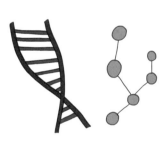

1%～3%

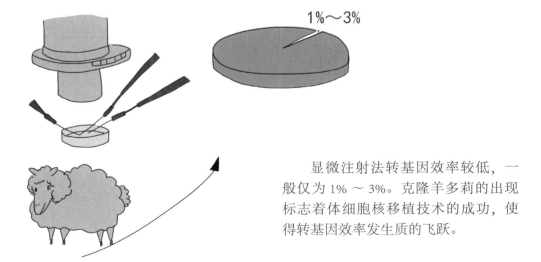

显微注射法转基因效率较低，一般仅为 1% ～ 3%。克隆羊多莉的出现标志着体细胞核移植技术的成功，使得转基因效率发生质的飞跃。

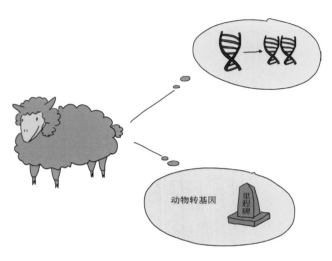

1997 年世界上第一只整合了人凝血因子Ⅸ基因的转基因体细胞克隆绵羊波莉的诞生，被称为转基因动物研究史上的一个新的里程碑，转基因细胞的核移植技术目前已经成为转基因动物生产的主流方法。

从外源基因随机插入（或整合）到定点整合的转变。转基因在基因组中存在的方式主要有两种，即随机整合与定点整合。显微注射法与病毒介导法制作的转基因动物，其外源基因的整合通常是随机的。

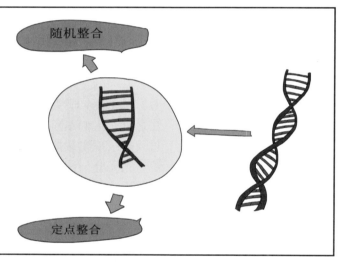

基因打靶技术的出现及发展，实现了对目的基因的定位操作。通过外源基因同靶细胞基因组上同源序列之间的同源重组，可以将外源基因定点整合到靶细胞特定染色体的确切位置上，或者使某一特定位点上的基因发生定点突变。

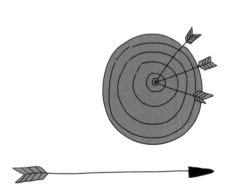

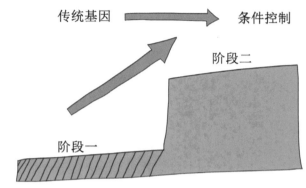

传统基因　　　　　　　　条件控制

阶段二

阶段一

从传统转基因到条件控制的转变。从转基因策略的角度看，动物转基因技术的进步经历了以下两个阶段。

第一阶段是传统转基因动物阶段，即传统的基因"超量表达"、"异位表达"与"基因敲除"。

第二阶段是条件性转基因动物阶段。

科学家可选用诱导型启动子来控制转基因表达或基因敲除时间，用组织特异性启动子来控制转基因在特定组织中的表达或敲除。

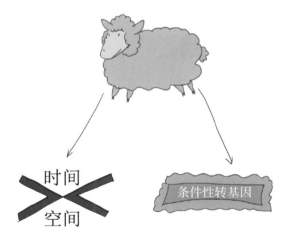

时间

空间

条件性转基因

传统的转基因动物，人们无法对转基因的表达或其内源性基因的敲除进行时间与空间上的控制。随着技术的进步，条件性转基因发展起来。

10. 转基因动物打破传统农业生产格局的表现

对于农业生产来说，转基因动物的出现将会是一场革命。

革命？会有什么表现呢？

首先，可以提升常规动物产品质量和数量。加快家畜品种改良速度，提高肉、奶、蛋、毛的产量及品质。

质量　数量

把影响重要经济性状的功能基因导进动物基因组内，可使动物体重增加、饲料增效、产奶量提高、脂肪减少及肉质改善和降低生产成本。

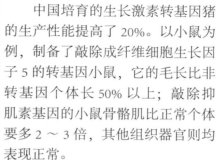

中国培育的生长激素转基因猪的生产性能提高了 20%。以小鼠为例，制备了敲除成纤维细胞生长因子 5 的转基因小鼠，它的毛长比非转基因个体长 50% 以上；敲除抑肌素基因的小鼠骨骼肌比正常个体要多 2 ~ 3 倍，其他组织器官则均表现正常。

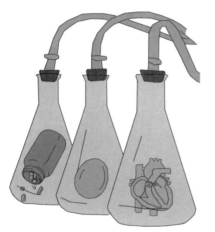

其次，将转基因动物由提高生产性能拓展到人用药品和器官的生产。利用转基因动物生产人类药用蛋白等非常规的畜产品，已经是目前世界上动物转基因研究的热点之一。

主要原理是把某些对人类医用价值较高的蛋白质编码基因导入动物基因组内部，使其在转基因动物的特定组织或者器官中大量表达，这些转基因动物就会成为生物反应器。

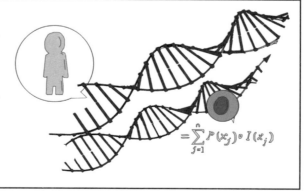

$$= \sum_{j=1}^{n} P(x_j) \circ I(x_j)$$

11.转基因技术在动物育种中的"精彩表现"

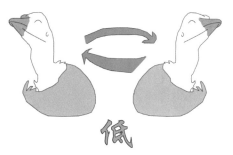

低

用经典的物种选择方法培育动物新品种，要求在同种或者亲缘关系很近的种间才可进行，且选择的先决条件是变异或者突变，但自然突变率是极低的。

转基因技术的出现则彻底改变了这一限制，可使亲缘关系很远的种间遗传基因重组，在短期内产生服从于人类意志的突变。

转基因动物可稳定地整合外源基因，且在合适组织中表达，还可以将这种性状遗传给后代，这样便可以生产出抗病、生长快、产肉、产奶、产毛更多、质量更好，耗饲料更少的转基因动物。

转基因技术可以用于动物抗病育种，通过克隆特定病毒基因组中的一些编码片段，对其进行一定的修饰后转入畜禽基因组，若转基因在宿主基因组中能够得以表达，那么，畜禽对此种病毒的感染应具备一定的抵抗能力，或应能够减轻此种病毒浸染时为机体带来的危害。

中国学者丘才良将一种寒带比目鱼抗冻基因成功地转移到大西洋鲑中，为提高某些鱼类的抗寒能力做了积极的努力。

转基因技术可以促进动物生长。中国培育的生长激素转基因猪，生产水平可提高26%；生长激素转基因鱼，生长速度快了10%～50%，增量20%，可以节约饲料10%，且遗传稳定性可达80%。

美国培育的转基因鲤鱼可以增产20%～40%，并且已进行室外培养。澳大利亚科学家把生长激素基因转入绵羊，获得的转基因羊生长速度比普通的绵羊快1/3，体型大50%。

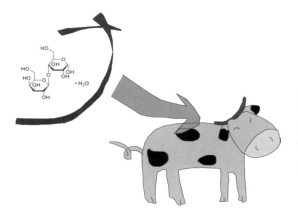

转基因技术可以改善动物品质。例如，目前，研究者已成功使得乳糖酶转基因在牛乳腺细胞中表达，此种转基因奶牛能够生产无乳糖牛奶，深受那些对乳糖过敏或者消化不良的人群喜爱。

12. 转基因动物在医学研究中的"无穷魅力"

运用转基因技术，人为定向地使动物基因组中某个特定基因发生突变，也可人为地导入一个或多个外源基因到动物体内，便可以建立人类疾病相关基因的转基因动物模型。

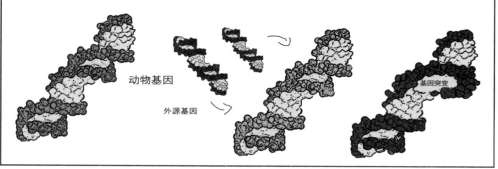

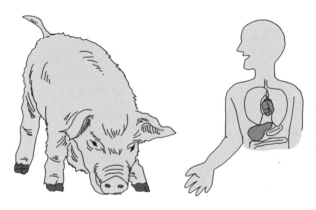

在人类以外的其他非灵长类动物中，猪的器官大小，解剖生理特点同人类相似，且携带的人畜共患疾病的病原体相对很少，易饲养，饲养费用也低。

对！人们普遍认为猪是人类器官移植最为理想的供体。

那就是说我们可以移植猪的器官？还可以用来弥补和解决一直存在的、供体器官来源不足的问题？

例如，移植猪胰腺细胞可以用来治疗糖尿病；移植猪肝脏可以用来治疗肝衰竭；移植猪胎儿神经细胞可以用来治疗帕金森综合征。

转基因动物疾病模型已用于新药开发的研究，研究者可精确地失活某些基因或者增强修复某些基因的表达，以此制作出各种研究与治疗人类疾病的动物模型及新药的筛选模型。

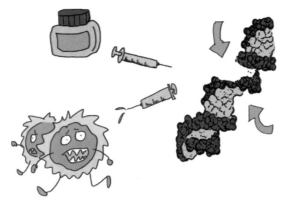

利用转基因技术建立敏感动物品系及产生与人类相同疾病的动物模型来进行药物筛选，可大大提高药物筛选的准确性。

13. 转基因动物的生物安全性

转基因动物的开发前景虽然十分乐观，但是它的安全性问题也很令人担忧啊！

凡事都得一分为二地看嘛！

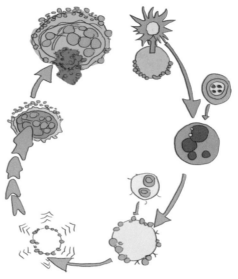

转基因制作方法容易给动物带来危害。外源基因的整合给动物带来的伤害无法控制，有时会使有益基因灭活，有时会激活有害基因。风险也很大，是无法回避，必须慎重考虑和引起足够重视的问题。

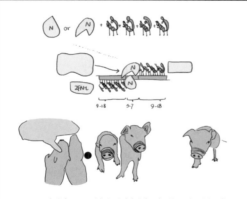

例如，基因敲除实际上是将受体动物的某些正常基因灭活以此来研究这些基因的效应，这将会对受体动物本身带来巨大的危害。

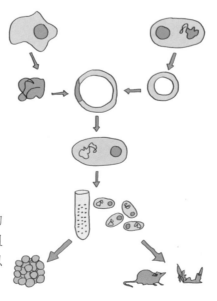

外源基因表达也会给动物带来影响。动物体内的基因受到严格调控，在什么阶段什么组织中表达都是固定的，但外源基因的表达难以很好地控制，这将给动物带来严重的健康问题。

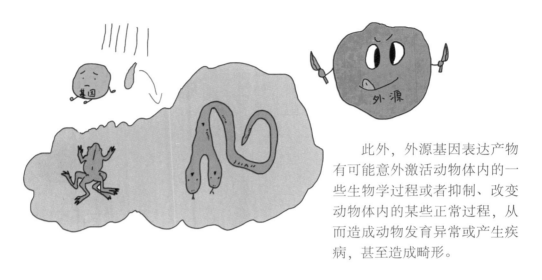

此外，外源基因表达产物有可能意外激活动物体内的一些生物学过程或者抑制、改变动物体内的某些正常过程，从而造成动物发育异常或产生疾病，甚至造成畸形。

对农业动物进行优质高产选育时，容易造成农业动物遗传多样性的极大损失，使一些物种灭绝，一些处于灭绝的边缘。

采用转基因技术在创造出超级品种的同时，势必要进一步加剧农业动物遗传资源的贫乏与均一性，直接影响到农业可持续发展的前景。

利用转基因猪作为人类器官移植的供体，可挽救濒危的病人，但也会带来传播人畜共患病的风险。

这么看来，转基因动物的安全性的确是备受考验啊！

不过，我们也不能过于悲观，一定要以正确的态度对待这个问题。

14. 动物转基因技术面临的窘境

首先，它的生产成本太高，成功率太低。

据计算，生产一头转基因猪要花费 2.5 万美元，生产一头机能正常的转基因牛要 50 万美元。

啊，这……天价呀！

67

其次，转基因整合和表达效率低。研究发现，显微注射法的转基因动物总效率为 0.38%，其中，牛、羊等大家畜的转基因阳性率更低。

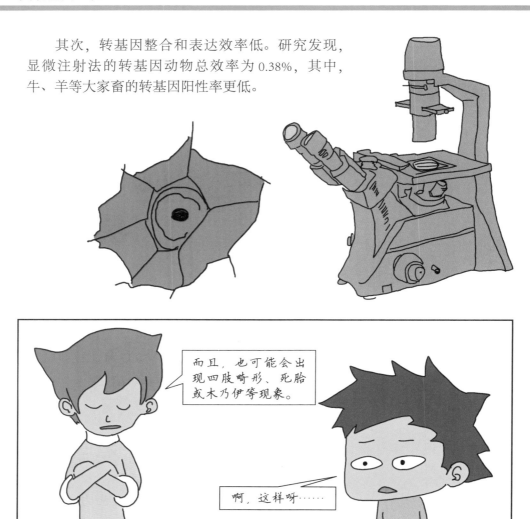

最后，转基因的遗传率低。研究表明，转基因动物及其后代并不能保证外源基因世代传递，外源基因极容易从基因组中丢失。另外，转基因产品制备导致了一些社会问题，包括一些道德伦理问题。

外源基因

转基因

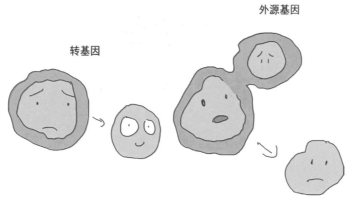

运用转基因动物制备基因产品，在食用时可能会有不适心理，比如，食用是否对人体有害等。

在病毒等致病基因的转基因研究中，不可避免地也会产生一些有害的转基因动物，虽然目前还没有转基因动物向社会扩散的报道，但是人们存在的担心还是必要的。

15. 动物转基因的光明未来

利用转基因技术可以提高或者改良动物的生产性能，为人类提供了更多更好的优良畜牧产品。

利用转基因技术可以进行生物制药，生产人类所需要的治疗有关疑难病症的特效药物。

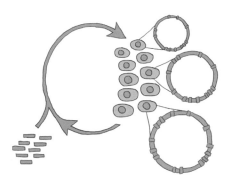

利用转基因动物可以进行动物的遗传改造，以此为人类提供大量可供移植用的器官。

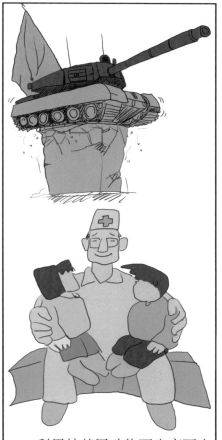

利用转基因动物可生产可生物降解、具有特殊强度的生物钢，应用于国防、医药和建筑业。

转基因技术可以用来生产小型动物，例如，小型猪、小型鸡、小型山羊、小型牛等。

呵呵，这些小型动物用来供人观赏一定会大受欢迎的。

目前，世界范围内已掀起了转基因动物研究热潮，生物工程产品不断推陈出新，加剧了转基因动物研究和开发的激烈竞争，同时也充分显示了转基因动物的巨大魅力。

第三章 植物基因工程

1.高等植物的遗传学个性

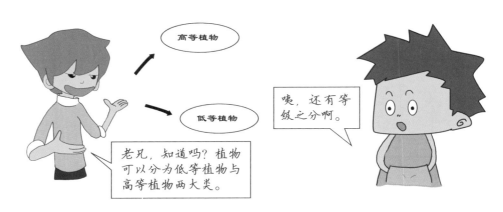

高等植物

低等植物

老兄，知道吗？植物可以分为低等植物与高等植物两大类。

唉，还有等级之分啊。

真核藻类

低等植物无根、茎、叶等分化器官，常生长于水中或者潮湿的地方，其生殖单位一般呈单细胞形式，有性生殖所形成的合子不形成、也不经过胚，直接萌发形成新生植物个体，包括真核藻类、菌类、地衣三大类植物。

嘿嘿，那我就让你能"摸到头脑"！

老兄，举个例子吧，这么说我还是有点儿丈二和尚。

我们平常所吃的海带、裙带菜等都属于藻类植物，也就是所谓的低等植物。

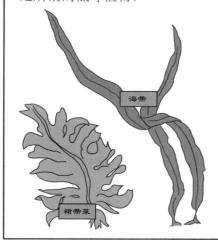

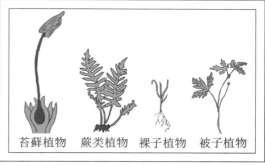

| 苔藓植物 | 蕨类植物 | 裸子植物 | 被子植物 |

高等植物通常含有根、茎、叶、花、果等分化器官，有性生殖所形成的合子需经过胚阶段，再发育成为新生植物个体，包括苔藓植物、蕨类植物、裸子植物与被子植物等四大类植物。

许多高等植物都具有自我受精的遗传特性，一般能产生大量的后代，而且借助于如风、重力、弹力、水的媒介与昆虫等自然条件，授精范围广、速度快、效率高。

植物在机械损伤之后，会在伤口处长出一块称作愈伤组织的软组织。

如果取下一小片鲜嫩的愈伤组织，放在含有合适营养成分与植物生长激素的培养基中，愈伤细胞便能够持续生长及有效分裂。

愈伤细胞

把这种无性繁殖的细胞悬浮液涂布于特殊的固体培养基上，新长出的幼芽则可以重新分化成为根、茎、叶，最终再生出整株开花植物。

高等植物的遗传特性对于研究植物基因工程可是有很大意义的。

哇，感觉很神奇啊！

2. 植物转化的受体系统

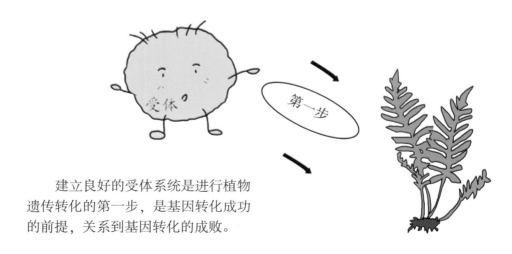

建立良好的受体系统是进行植物遗传转化的第一步，是基因转化成功的前提，关系到基因转化的成败。

大多数转化受体系统的建立主要依赖于植物组织培养技术，但与一般的组织培养相比，要求更高，需要考虑的因素更多。

建立一个良好的受体系统主要应考虑什么因素呢？

首先，要具有稳定的外植体来源。这主要是由于目前植物基因转化的频率还较低，一般需要多次反复的实验。

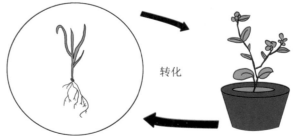

转化

植物转化的外植体通常采用无菌实生苗的子叶、胚轴、幼叶等，或者快速繁殖的试管苗的幼嫩部位。

外植体　　　　　　　　无菌实生苗的子叶　　　　　　　幼叶　　　　　　胚轴

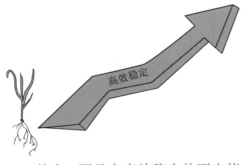

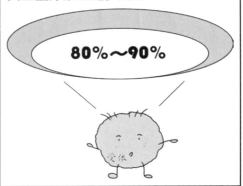

一般来说，用于基因转化的受体系统应具有 80%～90% 的再生频率，且每块外植体上须能再生出丛生芽，其丛生芽数量越多越好。

其次，要具有高效稳定的再生能力。一般来说，我们应该尽量选择植物的幼嫩部位，或者代谢活跃、增殖能力强的部位作为组织培养的外植体。

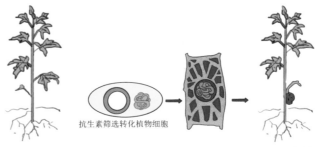

抗生素筛选转化植物细胞

再次，要具有较好的遗传稳定性，减少组织培养中的无性系变异。

另外，要对选择性抗生素敏感。目前的一些转化方法如农杆菌介导法与基因枪法等，均建立了用抗生素筛选转化植物细胞的手段。

为了能够淘汰非转化细胞，就要求使用的植物受体材料对高浓度的相应抗生素敏感，但是又不能对其产生严重的毒性，否则转化细胞也不会成活。

3. 植物基因工程中的选择基因

植物基因工程中的选择标记基因主要是一类编码可使抗生素或除草剂失活的蛋白酶基因。

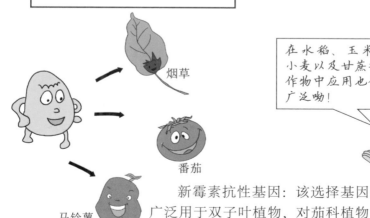

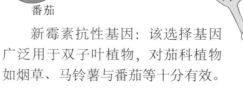

新霉素抗性基因：该选择基因广泛用于双子叶植物，对茄科植物如烟草、马铃薯与番茄等十分有效。

庆大霉素抗性基因：它编码一种乙酰转移酶，属于抗生素标记基因，它通过对庆大霉素的乙酰化而造成其失活。

庆大霉素抗性基因

烟草

番茄

可以应用于矮牵牛、烟草与番茄等。

嗯……它的应用范围呢?

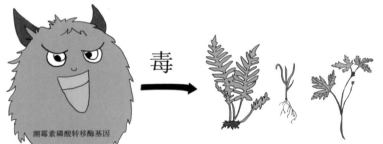

毒

潮霉素磷酸转移酶基因：潮霉素为一种很强的细胞生长抑制剂，对许多植物均有很强的毒性。

潮霉素磷酸转移酶基因

这种基因目前已经广泛应用于单子叶植物，尤其是水稻的转基因研究，是一种筛选效率较高的选择基因。

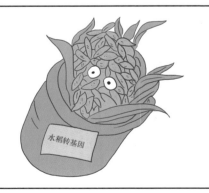

水稻转基因

bar 基因是一种对禾谷类作物十分有效的筛选基因，已经成功应用于水稻、玉米、小麦、高粱、大麦、燕麦、黑麦等多种禾本科粮食作物及大豆、油菜等油料作物的转基因研究。

4.什么是报告基因

目前，最为常用的报告基因有：β-葡萄糖苷酸酶基因、氯霉素乙酰转移酶基因、荧光素酶基因与绿色荧光蛋白基因等。

报告基因是指其编码产物能被快速测定、常用于判断外源基因是否成功地导入受体细胞（器官或者组织），是否启动表达的一类具有特殊用途的基因。

β-葡萄糖苷酸酶基因　氯霉素乙酰转移酶基因　荧光素酶基因　绿色荧光蛋白基因

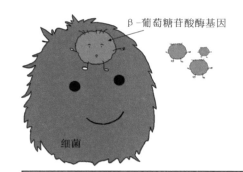

gus 基因编码 β – 葡萄糖苷酸酶，存在于某些细菌体内，此酶是一种水解酶，能够催化许多 β – 葡萄糖苷酸类物质的水解。

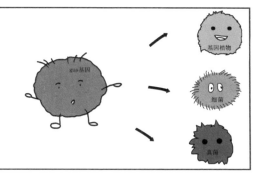

大多数的植物细胞内不存在内源的 GUS 活性，很多细菌以及真菌也缺乏内源 GUS 活性，因而 gus 基因被广泛用作转基因植物、细菌与真菌的报告基因，特别是在研究外源基因瞬时表达的转化实验中，gus 基因应用的最多。

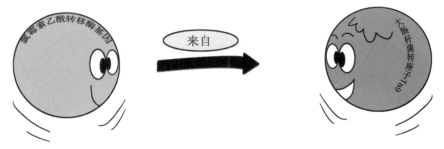

氯霉素乙酰转移酶基因来自于大肠杆菌转座子 Tn9，它能催化乙酰基团从乙酰辅酶 A 转移至氯霉素分子上，导致氯霉素分子发生乙酰化作用，从而导致其失去活性。

真核细胞中不含氯霉素乙酰转移酶基因，没有该酶的内源活性，因而该基因可以作为真核细胞转化的选择基因以及报告基因。

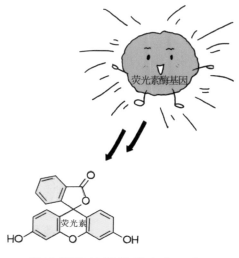

目前，用作报告基因的荧光素酶基因一般是来自萤火虫或者细菌的荧光素酶基因。

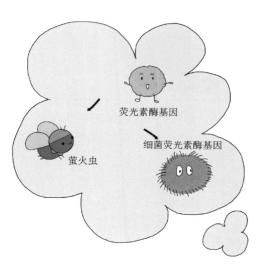

荧光素酶基因种类众多，它可以催化荧光素发出荧光。荧光素为荧光素酶催化的底物总称，不同荧光素的化学结构有一定的差异甚至完全不同。

老弟，是不是还有些混乱啊？

对啊，我想我应该是缺乏对一些专业术语的理解。对吗？

嗯，也对。那就让我们大家共勉吧！

5. 害虫杀手——抗虫转基因植物

对了，老兄，我们是不是也可以培养一些具有专门用途的转基因植物啊？

嗯，这个当然，我们就先来看看抗虫转基因植物吧。

昆虫对农作物的危害巨大，全世界每年为此损失数千亿美元。目前，对付昆虫的主要武器一般是化学杀虫剂，它不但严重污染环境，而且还诱使害虫产生相应的抗性。给有益昆虫带来祸害与灾难。

抗虫基因

导入

把抗虫基因导入农作物是植物基因工程的得意之笔，能够避免化学杀虫剂所造成的许多负面影响。

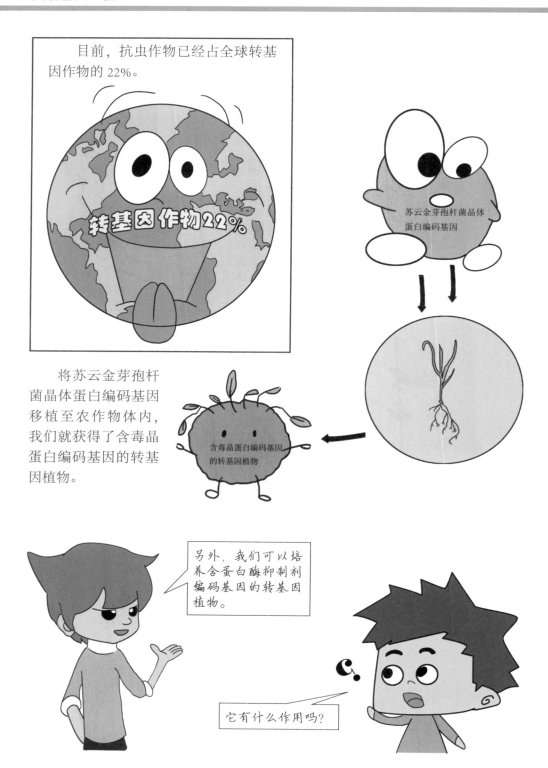

目前，抗虫作物已经占全球转基因作物的 22%。

转基因作物22%

苏云金芽孢杆菌晶体蛋白编码基因

将苏云金芽孢杆菌晶体蛋白编码基因移植至农作物体内，我们就获得了含毒晶蛋白编码基因的转基因植物。

含毒晶蛋白编码基因的转基因植物

另外，我们可以培养含蛋白酶抑制剂编码基因的转基因植物。

它有什么作用吗？

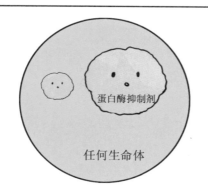

在人工饲料中添加一些蛋白酶抑制剂会抑制昆虫的生长发育；蛋白酶抑制剂基因在转化烟草中的表达可以赋予植物广谱的抗虫能力。

蛋白酶抑制剂存在于任何生命体中。其杀虫机制主要在于抑制昆虫体内的蛋白酶，减弱甚至阻断消化液的蛋白水解作用。

如果将细菌毒晶蛋白与丝氨酸蛋白酶抑制剂编码基因共同整合到植物染色体上，那么植物转基因的抗虫害能力比只含毒晶蛋白基因的植物会提高20倍。

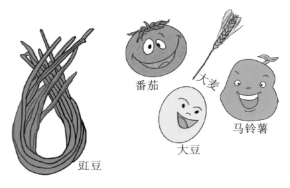

番茄

大麦

大豆

马铃薯

豇豆

嗯……还有什么转基因植物呢?

迄今为止，已从豇豆、大豆、番茄、马铃薯、大麦等农作物中分离克隆出很多丝氨酸蛋白酶抑制剂基因，其中，豇豆胰蛋白酶抑制剂的抗虫效果最为理想。

6. 病害专家——抗病转基因植物

植物病害

植物病害是农业生产的最大威胁，如何控制这一病害一直是农业生产中的难题。

近年来随着植物抗病机制的分子生物学研究逐渐深入，植物抗病基因工程有了很多突破，为分子标记辅助的基因工程抗病育种打开了窗口并形成了崭新的局面。

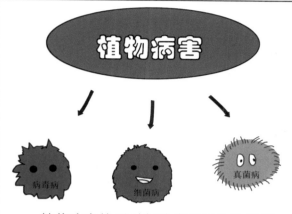

植物病害按照引起致病的微生物类型，可以分为病毒病、细菌病与真菌病，从广义上讲，能够忍耐与阻止上述病原菌侵染的基因均可称为抗病基因。

针对病毒引起的农业病害，目前，应用的策略中导入病毒外壳蛋白基因是研究最早，也是最为成功的一种。

迄今已经针对许多病毒成功地构建出了各种抗病毒植株，例如，番茄花叶病毒、马铃薯X病毒、马铃薯Y病毒、苜蓿花叶病毒、黄瓜花叶病毒等抗性植株。

目前，美国已经批准转基因抗病毒马铃薯、西葫芦、番木瓜品种进行商业化生产。

中国也已经有转基因抗病毒烟草、番茄与甜椒品种获准商业化应用。

7. 杂草天敌——抗除草剂转基因植物

杂草是农业生产中的一大危害，不仅与作物争夺水分、养分、阳光、呼吸、通风等而且严重影响作物的产量和品质。

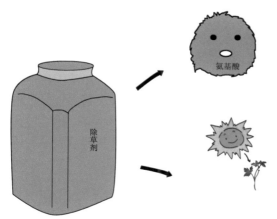

目前，世界上采用的除草剂主要分为两大类：一类是通过破坏氨基酸合成途径来杀死杂草；另一类则是通过破坏植物光合作用中电子传递链的蛋白来杀死杂草。

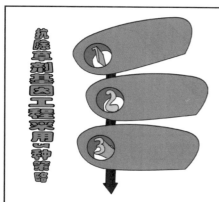

根据除草剂的特点，抗除草剂基因工程采用 3 种策略：①产生靶标酶或靶标蛋白质，使作物吸收除草剂后，仍能进行正常代谢作用；②产生除草剂原靶标的异构酶或异构蛋白，使其对除草剂不敏感；③产生能修饰除草剂的酶或酶系统，在除草剂发生作用前将其降解或解毒。

抗除草剂转基因植物是最早进行商业化应用的转基因植物之一。20 世纪 80 年代美国孟山都公司以其拥有广谱、高效除草剂农达（草甘膦）的优势而率先开始抗除草剂基因的转移研究与抗性品种的开发。

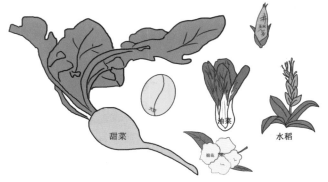

自此，促进了全球抗除草剂转基因研究的蓬勃发展，抗除草剂作物种类不断增加，抗性品种范围快速扩大，现已有水稻、玉米、棉花、大豆、油菜、甜菜等作物的抗除草剂转基因品种进行商业化生产。

8. 提高产量和品质的转基因植物

将来自大肠杆菌的一个淀粉合成相关基因导入马铃薯中，使转基因马铃薯块茎的淀粉含量增加20% ～ 30%，利于贮藏与运输，加工品质提高，炸薯条成色变好。

是不是有人要流口水了呢。

将这种基因转入番茄后，果实固形物的含量相应提高，风味有相应的改善。

禾谷类蛋白

一般粮食种子的储存蛋白中几种必需氨基酸的含量比较低，例如，禾谷类蛋白的赖氨酸含量较低，直接影响到人类主食的营养价值。

民以食为天啊，这可是个大问题呀！

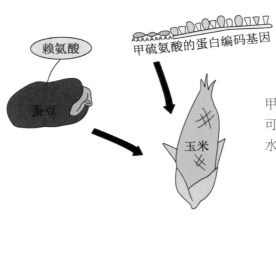

如果把蚕豆中一种富含赖氨酸与甲硫氨酸的蛋白编码基因植入玉米中，可以显著提高其营养价值。马铃薯与水稻的类似改良也在进行之中。

对了，听说过一种叫莫内林的蛋白吗？

这倒没有，它有什么神奇之处吗？

莫内林是一种西非灌木植物合成的甜味蛋白，其甜度是蔗糖的 10 万倍。

10万倍

啊，10万倍？？

莫内林分子

A　　B

但是它整个分子由非共价键相连的A 链与 B 链组成，两条链分开后甜味便消失，因此，作为食品添加剂其使用的范围受到很大限制。

目前，科学家们依据 AB 两条链的氨基酸残基序列人工合成了一个融合基因，现已经转入番茄与生菜中并获得表达。

9. 其他"色彩缤纷"的转基因植物

老兄，除了我们了解的转基因植物外，还有其他的种类吗？

呵呵，当然，转基因植物的种类有很多嘛。

番茄、苹果、香蕉、草莓、葡萄、柑橘、菠萝等在储藏与运输过程中，由于果实熟化过程迅速，难以控制，经常导致太熟、腐烂，造成巨大的经济损失。

所以，我们可以培育出控制果实成熟的转基因植物。

20 世纪 90 年代初，科学家们使用反义 RNA 技术封闭番茄细胞中上述两个酶编码基因的表达，由此构建出的重组番茄的乙烯合成量分别仅是野生植物的 3%与 0.5%，明显延长了番茄的保存期。

全世界每年花卉产业的产值可高达上百亿美元，通过插花工艺装饰花束与花篮需培育各种花卉植物。

比如……

哦，我知道了，我们可以通过改变花卉的某些特征来增强它的魅力嘛！

1988 年，荷兰自由大学利用反义RNA 技术可以有效抑制矮牵牛花属植物细胞内的 CHS 基因的表达，使得转基因植物花冠的颜色由野生型的紫红色变成了白色。

天然的玫瑰没有蓝色的花瓣，但日本大阪 Suntory 有限公司却于 2009 年 11月 3 日正式发售了其通过分子育种培育的转基因蓝色玫瑰。

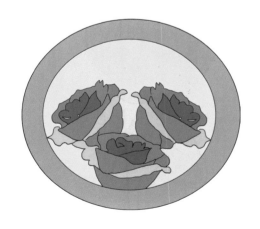

花香是由植物产生的具有芳香气味的挥发性有机化合物发出，被称为"花卉的灵魂"，利用基因工程可以增加花卉的香味。

虽然用基因工程技术进行花卉的遗传改良仅有 10 余年的时间，但是，花卉基因工程却已取得了长足的进展，在株型、花色、彩斑、重瓣性、花形、花香等方面的机理研究均取得重要的突破。

花卉基因工程

97

10. 植物生物反应器

高等植物基因工程的主要内容之一是用转基因植物作为生物反应器，以合成具有经济价值的重组异源蛋白与工业原料，包括蛋白药物、食品饲料添加剂、工业用酶以及原料等。

主要原因是什么呢?

第一点，植物容易生长，农田管理成本相对较低，操作技术要求也相对不高。

第二点，植物具有完整的真核表达修饰系统，利用转基因植物生产的重组蛋白药物与疫苗在分子结构与生物活性上，与人体来源的蛋白质相似。

第三点，大多数植物的表达产物对人与牲畜无毒副作用，安全可靠。因此，植物生物反应器已经成为目前研究的热点。

植物生长成本低廉，以转基因植物为生物反应器，能够在农田里廉价收获大量的蛋白药物。

这些医用蛋白既可以从转基因植物中直接提纯制成药物，有些也可表达在种子或者果实里，供人与动物直接食用。

英国科学家将八氢番茄红素合成酶编码基因导入到番茄或者其他农作物中，培育出高产胡萝卜素的多种转基因植株，并且用于保健营养食品的开发。

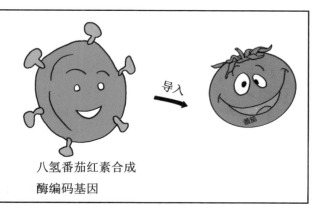

八氢番茄红素合成
酶编码基因

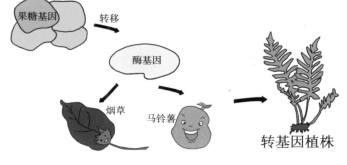

荷兰科学家将果糖基转移酶基因导入烟草与马铃薯中，在获得的转基因植株中，果聚糖含量占8%（干重）以上，具有较好的开发前景。

另外，还可以利用植物生物反应器生产工业原料。首批用于大规模生产且取得巨大经济效益的非食用性转基因植物产品为工业用油。

11. 植物作为制备基因工程疫苗生物反应器的优越感

植物作为制备基因工程疫苗生物反应器的优势有哪些方面呢？

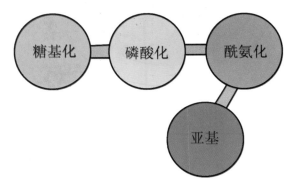

植物与动物细胞表达系统，可以对表达产物进行糖基化、磷酸化、酰氨化、亚基的正确装配等转译后加工，可保持自然状态下的免疫原性。

细菌在发酵过程中容易产生一些不溶性聚合物，对其要重新溶解并且折叠成天然蛋白质则需要较高的成本，并且发酵需要庞大设备投资。

动物细胞生产基因工程疫苗，经常用动物病毒作为载体导入抗原基因，在生产过程中容易污染动物病毒。

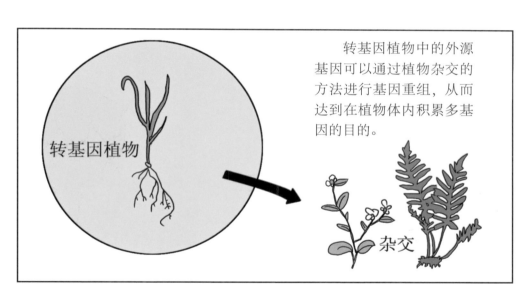

转基因植物中的外源基因可以通过植物杂交的方法进行基因重组，从而达到在植物体内积累多基因的目的。

与传统疫苗不同，植物表达系统生产的疫苗可直接贮存于植物种子与果实中，无需冷藏系统设备进行贮藏运输，所以易于长距离运输与普及推广。

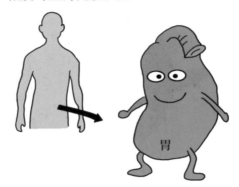

植物细胞中的疫苗抗原通过胃内的酸性环境时能够受到细胞壁的保护，直接可到达肠内黏膜诱导部位，刺激黏膜与全身免疫反应。

疫苗抗原基因转入可食用的植物之后，可以供人直接服用或者饲喂动物，不需要像传统方法（如发酵法）生产疫苗那样再进行分离提纯。

12. 转基因植物生产疫苗的程序

第一步，目标植物的选择。目标植物通常选择可直接食用的植物，不需复杂的加工处理便可生食。

第二步，植物病毒表达载体的构建。利用植物病毒或者 Ti 质粒构建表达载体，主要是通过基因取代、基因插入、融合抗原以及基因互补等 4 种方法。

第三步，转化和检测。转化成功的植株需进行检测，以验证表达出的疫苗抗原是否真实。需针对转录出的 mRNA、疫苗抗原颗粒与亲和性进行检测。

第四步，表达产物的糖基化。糖链通过糖基化作用连接到蛋白质分子上，且发挥着重要作用。

 第五步，动物和人体试验。利用转基因植物生产出来的口服疫苗需要经过动物与人体试验，以验证其是否可引起机体产生免疫反应。

试验时不会发生安全问题吗？

肯定会有这种考虑的，所以通常先要经过小鼠试验。

通过小鼠试验的口服疫苗也要经过临床人体试验，以确定对人的免疫效果与安全性。

13. 转基因植物的安全性

与转基因动物一样，转基因植物的安全性也备受大家关心。

呵呵，安全第一嘛！

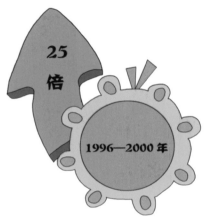

25 倍

1996—2000 年

种植转基因作物的国家也由 1996 年的 6 个增加至 2000 年的 13 个。与此同时，转基因植物的安全性也引起各国政府与消费者的高度重视。

据了解，从 1996 年至 2000 年的 5 年间，全球转基因作物的种植面积增加了 25 倍之多，平均每年以 1 000 多万公顷的速度递增。

那么截止到目前，这些数字又会发生惊天的变化啊！

没错，科技的发展日新月异啊！

可是到底什么是转基因植物的安全性呢?

所谓转基因植物的安全性,主要指环境安全性与食用安全性。

环境安全性

专家们关注的更多是环境安全性,包括转入植物的外源基因与标记基因是否会扩散;生物的多样性是否会遭到破坏;作物、杂草、害虫的进化程度是否会发生改变等问题。

可是普通老百姓首要关心的自然是食用安全问题。

没错,普通人群急于想了解的是转基因植物中的外源基因或者标记基因是否会存在潜在的毒副作用。

　　近 20 年来，科学家们也一直在对转基因植物的安全性问题进行着不懈的研究与探索，有关国际组织也通过各种协议与法规来规范转基因植物的安全性开发与应用。

　　从理论与技术层面上讲，目前，在有限的时间内，转基因植物还是安全的。

　　首先，转基因植物的危害性也许需要相当长的一段时间才会暴露。

　　其次，转基因植物的危害性机制也许会超出了人们目前对生命科学的认知范围。

有限时间是什么概念呢？

理论

技术

安全性

　　如果满足上述任何一种情况，那么，怀疑转基因植物的安全性便是明智的。

第四章 医药基因工程

1. 什么是基因治疗

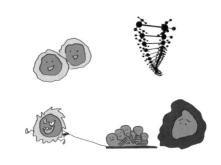

基因治疗的基本定义，是采用正常基因取代患者细胞中的缺陷基因，以达到战胜分子病之目的。

分子病依据病变基因所处的细胞类型，可以分为遗传性分子病与非遗传性分子病两大类，前者的病变基因处于生殖细胞中，具有遗传倾向性，例如血友病等；后者的病变基因则定位在体细胞内，如大多数的癌症以及病毒感染疾病。

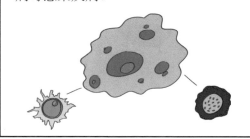

这两种类型的疾病都是人类的天敌啊！

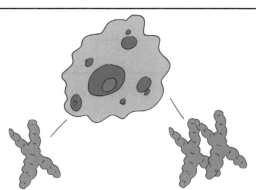

依据病变基因的数目，分子病又可以分成单基因病与多基因病两种。一般来说，像家族性高胆固醇血症、囊状纤维变性症与神经性肌肉病变等都由单基因缺陷所致；而癌症、艾滋病、糖尿病、神经变性综合征等则一般由多基因缺陷引发。

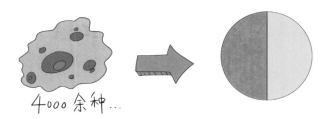

目前，已知的分子病一共有 4 000 余种，其中遗传性与非遗传性分子病各占 50%。

基因变异会导致 25% 的生理缺陷症、30% 的儿童死亡症、60% 以上的成人疾病。

1990 年 9 月 14 日，美国政府批准了世界上第一项人类基因治疗临床研究方案，对一名患有重度联合免疫缺陷症的四岁女童进行了基因治疗并且获得成功，从而开创了医学的新纪元。

然而，对人体实施基因治疗的尝试可以追溯到 1980 年，那时便有人对两名重度 β - 地中海贫血病患者实施了基因治疗，但是限于当时的技术而未能获得成功。

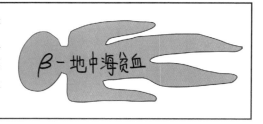

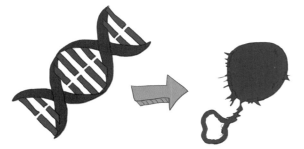

但是目前，已经有为数众多的人类基因成功地转入各种类型的靶细胞中，对于治疗人类的某些疾病将具有重要意义。

2.挖一挖，基因治疗的内容是什么

呵呵，老兄，别急，马上你就知道了。

既然已经了解了基因治疗的概念，那基因治疗的主要内容又有哪些呢？

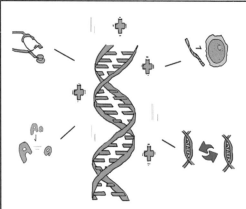

基因治疗主要包括基因诊断、基因分离、载体构建、基因转移 4 项基本内容。

基因诊断：产生基因缺陷的原因除进化障碍因素外，主要还包括点突变、缺失、插入、重排等 DNA 分子畸变事件的出现。随着分子生物学原理与技术的不断发展，目前，已经建立起多种病变基因的诊断与定位方法。

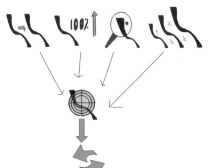

基因分离：基因分离主要是指利用 DNA 重组技术克隆、鉴定、扩增、纯化用于治疗的正常基因，并且根据病变基因的定位，与特异性整合序列（也就是同源序列）与基因表达调控元件进行体外重组操作。

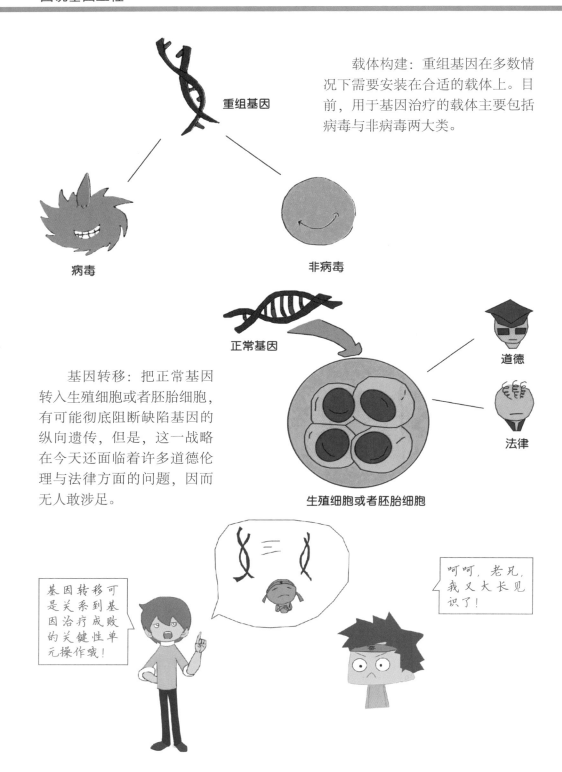

重组基因

载体构建：重组基因在多数情况下需要安装在合适的载体上。目前，用于基因治疗的载体主要包括病毒与非病毒两大类。

病毒　　**非病毒**

正常基因

道德

法律

基因转移：把正常基因转入生殖细胞或者胚胎细胞，有可能彻底阻断缺陷基因的纵向遗传，但是，这一战略在今天还面临着许多道德伦理与法律方面的问题，因而无人敢涉足。

生殖细胞或者胚胎细胞

基因转移可是关系到基因治疗成败的关键性单元操作哦！

呵呵，老兄，我又大长见识了！

3. 基因治疗的途径及策略

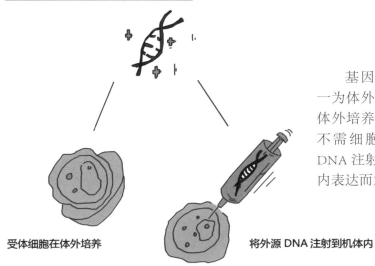

基因治疗包括两种途径：一为体外法，是将受体细胞在体外培养；二为体内法，该法不需细胞移植，直接将外源DNA注射到机体内，使其在体内表达而发挥治疗作用。

受体细胞在体外培养　　　　将外源 DNA 注射到机体内

基因治疗的策略大致可以分为以下几种。

呵呵，我得赶紧听听……

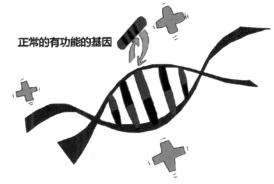

正常的有功能的基因

基因置换是指用正常的有功能的基因完全替换病变细胞内的致病基因，从而使细胞内的 DNA 完全恢复正常状态，达到永久性更正与治疗的目的。

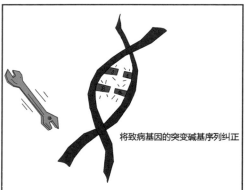

将致病基因的突变碱基序列纠正

基因修正指将致病基因的突变碱基序列纠正，而正常部分保留下来，使突变的致病基因恢复原来的功能。

基因修饰也称基因增补，是将目的基因导入病变细胞或者其他细胞，目的基因的表达产物能够修饰缺陷细胞的功能或者使原有的某些功能得以加强。

目的基因

病变细胞

不过，在该种治疗方法中，缺陷基因仍然存在于细胞内。

缺陷基因

基因激活：某些正常基因不能表达并非发生了基因突变，而是由于被错误地甲基化或者编码区组蛋白去乙酰化所致；也有的基因是编码区正常但调控序列发生了突变。

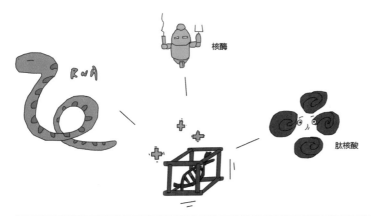

核酶

肽核酸

基因失活：利用反义 RNA、核酶或者肽核酸等，反义技术以及 RNA 干扰技术等，能特异地封闭基因表达的特性，抑制某些有害基因的表达，以达到治疗疾病的目的。

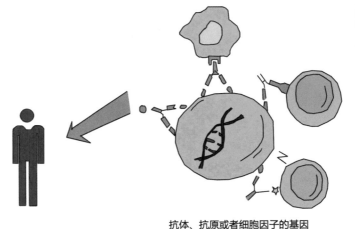

免疫调节：这是将抗体、抗原或者细胞因子的基因导入病人体内，改变病人免疫状态，达到预防与治疗疾病的目的。

抗体、抗原或者细胞因子的基因

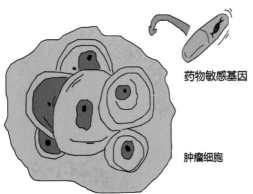

药物敏感基因

肿瘤细胞

药物敏感疗法：应用药物敏感基因转染肿瘤细胞，以此提高肿瘤患者细胞对药物的敏感性。

总之，基因治疗的策略有很多，各有利弊，可依据不同的情况选择不同的方法，也可以针对同一种疾病采用多种基因治疗方法。

4. 基因治疗的分子机制

第一类为正常基因，该类基因一般用于矫正各种基因缺陷型的遗传病。

第二类为反义基因。用于治疗病毒感染或者肿瘤疾病，从某种意义上说，这两大类病都属于获得性分子病。

第三类为自杀基因。自杀基因可用于治疗癌症。

很早人们便发现在病毒、细菌、真菌中存在一些酶，它们能把细胞中一些原本无毒的代谢物转化成毒性化合物，而这些酶在动物体内并不存在。

如果将它们转入肿瘤细胞，再辅以原代谢物或者药物，便能杀灭癌细胞。因此，此类酶称为自杀酶，相应的基因则称为自杀基因。

呵 呵，很有意思吧！

哦，原来自杀基因是这么回事啊！

自杀基因有一个突出特点，也就是所谓的旁观者效应。

若含有自杀基因的细胞与不含自杀基因的细胞混合培养，后者也会被部分杀死，其原因是自杀蛋白借助于细胞的缝隙通道互相传递，但是，该传递作用只限于同种细胞之间，因而对正常细胞并不构成威胁。

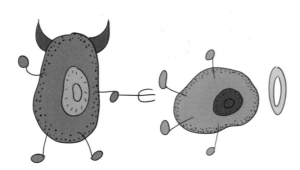

嘿嘿，看来呆在自杀基因身边的伙计们危机四伏啊！

5. 基因治疗的前景

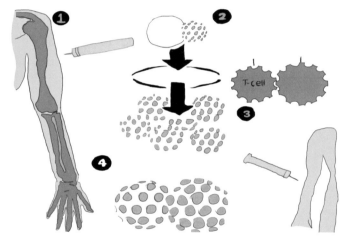

自从基因治疗的概念提出以来，发展十分迅速，已经出现许多临床治疗的方案。

不过，仍然有许多问题需要从理论与实践上得到解决。

看来，基因治疗的发展前景十分乐观嘛。

基因治疗不仅是一种医疗方法，它还涉及很多其他方面的问题。因为当人们试图去"纠正"人类自身"不正常"的基因时，该纠正的后果是无法预料的。

由于人类的遗传信息十分复杂，转基因也可能带来不可预料的后果，谁能保证基因改造成人类一未知的缺失。基因结构的改变绝对不会对人类某一未知功能的缺失。

此外，当人们试图将基因治疗引入生殖细胞时，又会涉及后代基因结构改变的问题，这种改变可能直接影响这个"未来人"，这是一个十分复杂的伦理问题。

基因治疗的社会和伦理问题也是公众一直讨论的焦点。

技术方面呢？我们应该也会遇到一些棘手的问题吧！

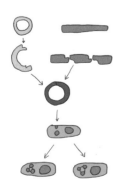

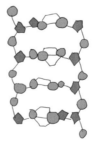

目前，基因治疗的对象为单基因的缺陷，但是，许多疾病涉及多个基因之间复杂的调控与表达关系。对这类疾病的基因治疗难度极大。

以基因转移为基础的基因治疗若想在临床上很好地应用，还有待理论与各种技术的不断发展。

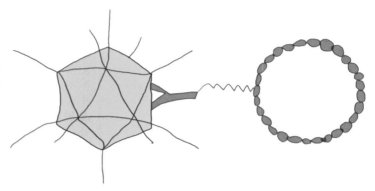

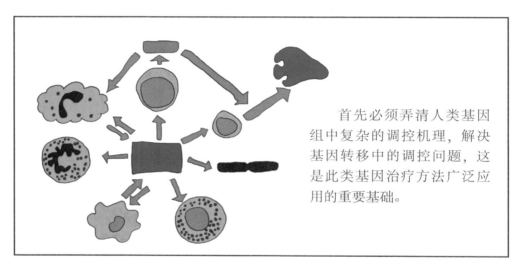

首先必须弄清人类基因组中复杂的调控机理，解决基因转移中的调控问题，这是此类基因治疗方法广泛应用的重要基础。

在未来若干年中，新的基因转移方法不断出现，即便如此，在人类的基因治疗中，安全性仍然是首先考虑的重要因素。

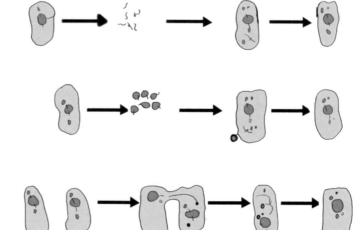

6. 遗传病的基因治疗

采用反转录病毒介导的先体外后体内的方法，用含有正常人腺苷脱氨酶基因的反转录病毒载体来培养患儿的白细胞，并且用白细胞介素 2（IL-2）刺激其增殖，经过 10 天左右，再经过静脉回输入患儿体内。

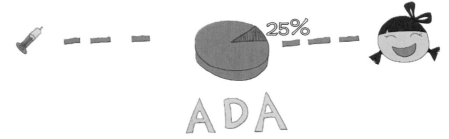

一般每 1 ～ 2 个月治疗一次，患儿体内 ADA 水平达到正常值的 25%，也没有发现明显副作用。

另外，我们经常听说的血友病 B 也可采用基因治疗的方法。

腺病毒途径

好转

从总体上看，血友病 B 基因治疗临床试验是安全可靠的，其中腺病毒途径被认为是最为有效的方法之一，尽管目前的治疗效果有限，但是，已能够将中型血友病 B 患者症状降为轻型。

基因治疗也可以用于囊性纤维化患者。对囊性纤维化基因治疗的策略主要是用正常的 CFTR 基因导入基因缺陷的呼吸道上皮细胞，通过表达正常的 CFTR 蛋白以恢复正常的氯离子通道功能。

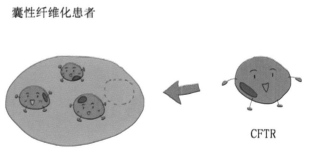

基因治疗

囊性纤维化患者

CFTR

2003 年 4 月，美国克立夫兰的科学家与医生公布了一项令人欣喜的囊性纤维化基因治疗临床试验结果与一种新型"压缩 DNA"技术。

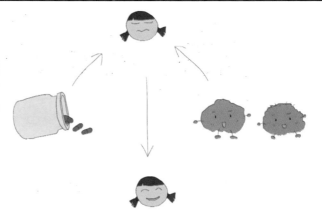

该项囊性纤维化基因治疗临床试验的结果没有发现显著的不良反应，并且能够被病人接受。

基因治疗使人们在战胜疑难疾病这条路上看到了曙光和希望。

没错，我们祈祷这条路会一直光明、顺畅的走下去。

7.肿瘤特异性基因治疗

恶性肿瘤是严重危害人类健康与生命的疾病之一，其死亡率居各种疾病之首。

啊？这种疾病这么严重呀!

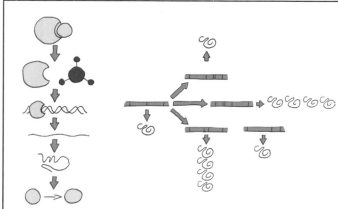

现在已证明，肿瘤的发生是由于某些原癌基因的激活、抑癌基因的失活以及凋亡相关基因的改变，从而导致细胞增殖分化与凋亡失调而引起的。

老弟，挺聪明的嘛!

既然与基因有关，我们是不是就可以采用基因治疗的方法呢?

传统的肿瘤治疗一般采用手术治疗、放疗、化疗以及中医药治疗等，但是这些治疗方法经常会带来较强的副作用或者容易复发。

基因治疗具有选择性高，对组织无毒或者毒性小等优点，使得癌症基因治疗的研究成为近 20 年来基因治疗的主要研究内容与热点。

抑癌基因也称抗癌基因，研究表明，几乎一半的人类肿瘤都存在抑癌基因的失活。因此，把正常的抑癌基因导入肿瘤细胞中，以补偿与代替突变或者缺失的抑癌基因，达到抑制肿瘤的生长的目的。

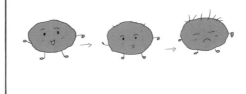

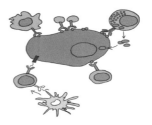

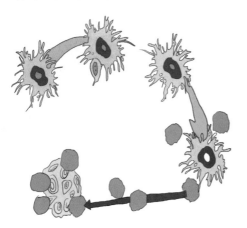

癌基因主要指细胞基因组中，具有能使正常细胞发生恶性转化的一类基因。针对癌基因的治疗，一般采取封闭癌基因的活性、抑制其过表达来实现。

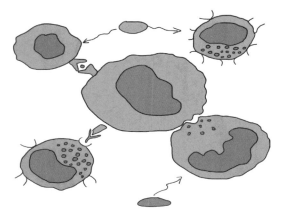

肿瘤发生后会造成机体免疫功能下降，因此，针对肿瘤特异免疫基因的治疗，可改善与纠正机体肿瘤的免疫耐受状态。

8. 艾滋病的基因治疗

人类获得性免疫缺陷综合症简称为艾滋病，是一种由 HIV 病毒引起的全身性传染病，目前，仍无有效地预防和治疗措施。

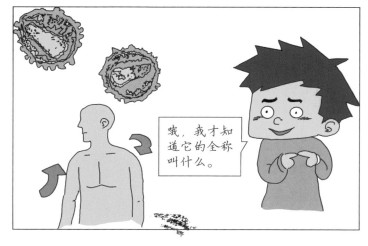

据联合国艾滋病规划署报告，截至 2008 年年底，全球有 HIV 感染者 3 300 万人，对人体健康造成了极大的威胁。

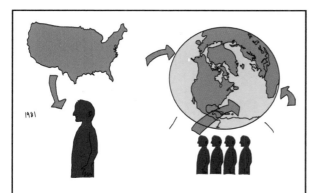

自 1981 年美国发现第一例艾滋病以来，该病在全世界迅速扩散。

中国 1985 年首次发现传入病例，至今 HIV 感染已经遍布全国，据卫生部通报，截至 2008 年 9 月 30 日，中国累计报告艾滋病病例共 264 302 例，其中，艾滋病病人 77 753 例；报告死亡 34 864 例。

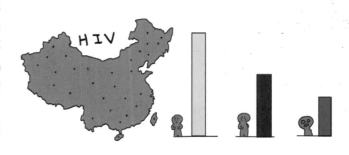

而且目前感染人数仍在逐年递增，已经成为了全球最快的地区之一了。

唉，形势很严峻啊！！

根据艾滋病毒侵染人体细胞以及病毒的增殖过程，可制定艾滋病基因治疗的两种策略，即阻断艾滋病毒入侵人体细胞以及抑制艾滋病毒基因在人体内的表达。

对于已经诊断为艾滋病毒感染者与艾滋病患者，艾滋病毒基因组已整合到人体基因组上，因此，有效的治疗方法是抑制艾滋病毒的基因在人体内表达的重要方面。

现在很多人处于"谈'艾'色变"的状态。老兄，你怎么看这个问题？

我想大家应该是过于担忧了。

嗯，没错，艾滋病不是魔鬼，我们应用平常的心态来看待它。

126

9. 扒一扒，基因工程药物的分类

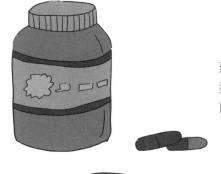

典型的基因工程药物是蛋白或者多肽类药物，但是，现在已发展或者开发出多种类型的基因工程药物。按不同的分类原则，可以划分为不同的种类。

唉呀，老兄你赶快说说，我的求知欲又来了。

嗯……

按结构组成的不同，基因工程药物可分为三类。

1. 蛋白多肽类药物

2. 基因工程疫苗

3. 核酸类药物

按作用方式可将基因工程药物分为基因水平作用药物、转录水平作用药物以及蛋白质水平作用药物。

基因水平作用药物包括DNA疫苗与基因治疗药物，是需载体携带外源基因在人体内部表达来实现治疗目的的药物。

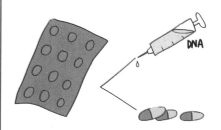

基因水平作用药物

蛋白水平作用药物主要包括蛋白与多肽、基因工程抗体与基因工程疫苗，以蛋白的形式作为药物来治疗各种疾病。

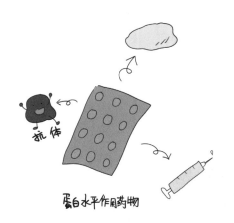

一类是蛋白或者多肽药物，通过蛋白自身的生理生化特性而抵抗疾病。

一类是基因工程疫苗、基因工程抗体与 DNA 疫苗，基于抗原抗体反应的原理来抵抗疾病。

一类是反义核酸、核酶与 RNAi，基于中断基因表达而抵抗疾病。

10. 基因工程药物的发展

反应器的变迁。根据反应器的不同可以将蛋白多肽类基因工程药物的发展分成3个阶段。

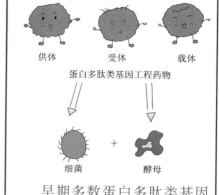

供体　　受体　　载体

蛋白多肽类基因工程药物

细菌　　　＋　　　酵母

　早期多数蛋白多肽类基因工程药物均是通过细菌与酵母等微生物来表达的，且现在还在使用。表达的目的蛋白质经过提纯并做成制剂后可应用到临床。

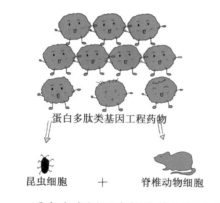

蛋白多肽类基因工程药物

昆虫细胞　　＋　　脊椎动物细胞

　后来也发展了真核生物细胞表达系统，利用离体培养的昆虫细胞与脊椎动物细胞表达蛋白多肽类药物。

对哦！我们之前说过动植物生物反应器的。

动植物生物反应器

　近年来发展的动植物生物反应器为基因工程药物的开发开了美好的愿景。

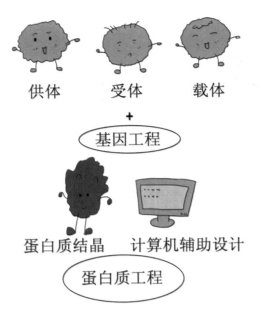

供体　　受体　　载体

+

基因工程

蛋白质结晶　　计算机辅助设计

蛋白质工程

从基因工程到蛋白质工程的变化。随着技术的发展进步，人们已不再满足自然存在的蛋白药物产品，通过蛋白质工程可获得修改了氨基酸序列的蛋白质或者多肽。

从蛋白药物到核酸药物的变化。在蛋白类基因工程药物的基础上，开发出了核酸类基因工程药物，作为一种新的药物，其作用机制与传统的药物相比具有很大的差异。

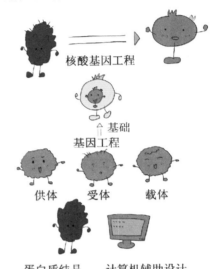

核酸基因工程

基础

基因工程

供体　　受体　　载体

蛋白质结晶　　计算机辅助设计

蛋白质工程

酸类基因工程药物是提供产生蛋白的基因，通过破坏或扩大基因的功能来克服疾病。

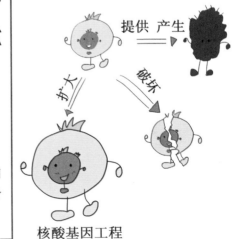

提供　产生

扩大　　破坏

核酸基因工程

传统药物一般是通过增加某些人体内源性的有益蛋白多肽或破坏致病蛋白本身来治疗疾病。

没错，不过目前核酸类基因工程药物正处在发展阶段，进入市场领域的还相对较少。

这么看来，核酸类基因工程药物的选择性与效率更高啊！

11. 基因工程药物的"个性特征"

基因工程药物的研究开发和产业发展除了具有医药产品研发和生产经营行为中共同的特点外，还具有基因制药行业独有的个性特征。

通过基因工程可获得天然状态难以得到的某些生理活性物质，进而改造成为新药。

呵呵，赶紧看看它有什么讨人喜欢的个性。

内源性生理活性物质作为药物已经有多年历史，如治疗糖尿病的胰岛素。但是，这些活性物质难以从人组织获得，而多从动物脏器取得，来源相对困难。

　　利用基因工程技术使得生理活性物质可在微生物、细胞乃至动物生物反应器及植物生物反应器中获得高效表达，从而使难以获得的生理活性物质如人胰岛素、干扰素与细胞因子可批量生产，满足了临床治疗的迫切需求。

采用基因工程技术可以改造内源生理活性物质，进一步提高其生物活性。

通过基因工程技术可以不断发掘和开发利用更多的新药，获得新的物质，扩大药物来源。

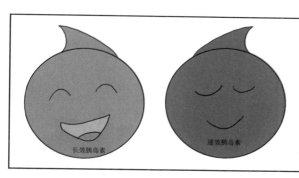

内源性生理活性物质在作为药物使用时存在诸多不足之处，但采用基因工程技术对其进行改造，可以明显提高药效，例如，速效胰岛素、长效胰岛素等。

12. 基因工程药物的研发之路

基因工程制药的研发十分复杂，在新药上市之前主要可分为 3 个阶段。

嗯，起始阶段。

实验室研究，一般包括基因工程药物靶基因的筛选和确定、靶基因目前的研究概况、专利情况与现有药物相比的优缺点等的调查研究、靶基因生物功能的研究等步骤。其中，最关键的步骤为生物功能研究。

第一阶段是实验室研究阶段，也称为发现性或者探索性研究，属于应用基础研究阶段。

第二阶段是产品开发阶段，属于应用研究阶段，与第一阶段统称为研发阶段，也就是临床前研究，就是常说的R&D。

老弟，很博学嘛！

R&D？哦！我知道了，就是research and development。

实验室研究成功获得一批先导化合物之后，公司将会立项研究。先要通过蛋白质工程技术对先导化合物进行优化处理，优化的先导化合物还必须要经过系列动物体内实验，包括灵长类动物体内实验。

生物药品的临床试验，是检验待检药品对人体的安全性与疗效，在人体验证临床前必须做出动物实验与灵长类动物实验的结果。

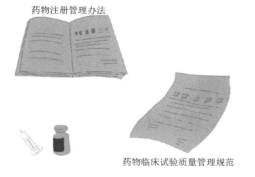

国家食品药品监督管理局发布的《药品注册管理办法》规定，药物的临床试验，必须经过国家食品药品监督管理局批准，必须执行《药物临床试验质量管理规范》。

第三阶段是商业化阶段，是将产品推向市场的过程。新药上市的程序按照国家食品药品监督管理局颁发的《新生物制品审批办法》执行。

13.刨一刨，什么是基因工程疫苗

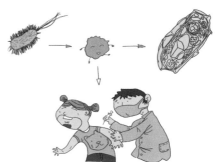

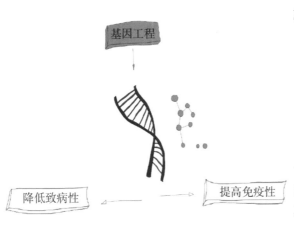

基因工程疫苗主要指应用基因工程技术对病原微生物的基因组进行改造，从而降低其致病性、提高其免疫原性。

或将病原微生物基因组中的一个或者多个对防病、治病有用的基因，克隆到无毒的原核或者真核表达载体上，制成的新型疫苗，然后接种动物，从而产生免疫力或者对感染性疾病产生抵抗力，以达到防控疾病的目的。

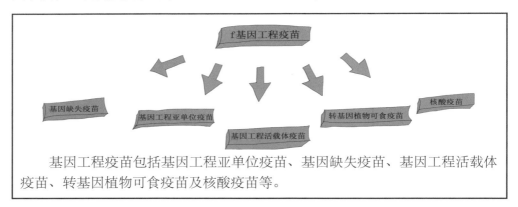

基因工程疫苗包括基因工程亚单位疫苗、基因缺失疫苗、基因工程活载体疫苗、转基因植物可食疫苗及核酸疫苗等。

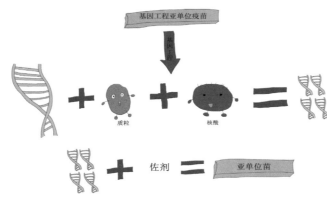

基因工程亚单位疫苗也称重组亚单位疫苗，是指利用基因工程技术把病原体保护性抗原肽段的基因与质粒等载体重组，导入原核或者真核受体系统，使之高效表达，产生大量保护性肽段，提取之后加入佐剂制成的亚单位苗。

基因缺失疫苗是用基因工程技术将病毒或者细菌的致病性基因进行缺失，以此获得弱毒株活疫苗。

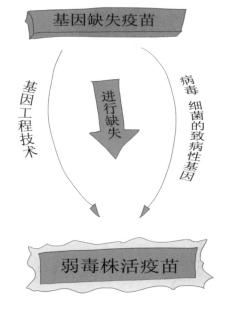

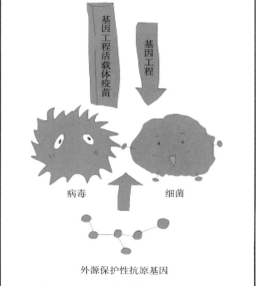

外源保护性抗原基因

基因工程活载体疫苗也称重组活毒疫苗，是用基因工程技术将病毒或者细菌构建成一个载体，将外源保护性抗原基因插入其中，使之表达的活疫苗。

转基因植物可食疫苗是借助于植物遗传转化载体把抗原基因导入植物，使其在植物中表达，生产出能够使机体获得特异抗病能力的疫苗。

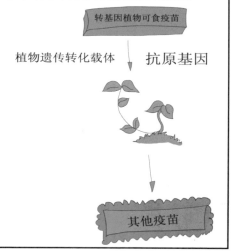

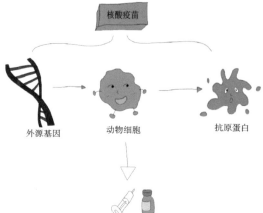

核酸疫苗也称 DNA 疫苗或者基因疫苗，是指将编码某种抗原蛋白的外源基因，直接通过表达载体导入动物细胞，在宿主细胞中表达且合成抗原蛋白，激起机体类似于疫苗接种的免疫应答反应，达到预防与治疗疾病的目的。

137

14. 核酸疫苗的无敌魅力

嗯……呵呵，好吧。

老兄，我对核酸疫苗很感兴趣，我们再多聊聊吧！

与传统的疫苗相比，核酸疫苗具有以下优点。

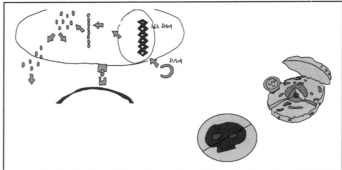

核酸疫苗中并不涉及致病的核酸序列，因而蛋白质抗原在宿主动物细胞内表达，没有毒力回升的危险，也不必担心机体对病毒性载体免疫应答反应与载体对机体的不良影响。

核酸疫苗在接种机体以后，蛋白抗原在宿主细胞内表达，加工处理过程同病毒感染的自然过程类似，抗原递呈过程也相同，从而以自然的形式被加工后，以天然构象递呈给宿主免疫识别系统，激发免疫应答，抗原性强，且不存在体外合成蛋白抗原普遍存在的抗原表位的改变或者丢失情况。

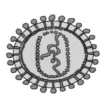

　　核酸疫苗除能够较好诱导体液免疫外，还是 CTL 细胞最有效的诱导剂，经常诱导强烈的细胞免疫，这是大部分传统疫苗并不具备的。这对于预防慢性病毒性感染等主要依靠细胞免疫的疾病来说效果很好。

　　核酸疫苗具有免疫原的单一性，只有编码所需抗原的基因被导入细胞得到表达，从而避免了载体病毒所携带的大量抗原信息。

　　核酸疫苗作为一种重组质粒，容易在大肠杆菌工程菌内大量扩增，提纯方法简单，并且可把编码不同抗原基因的多种重组质粒联合使用，制备出多价核酸疫苗，其质粒 DNA 稳定性较好，便于贮存与运输。

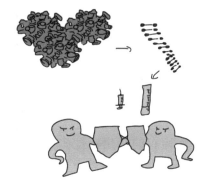

　　对于如流感病毒这种变异快或者型别比较多的病原微生物，可以选择目的基因（保守区基因）来制备核酸疫苗，其表达产物在体内刺激引起的免疫应答，对此病原微生物的异源株可以提供交叉防御作用。

第五章 微生物基因工程

1. 细菌基因工程的发展现状

老兄，除了动植物基因工程、医药基因工程外，我又听到了一个新名词"微生物基因工程"，这……又是一个新的领域吧？

没错，那我们就从细菌基因工程的发展现状说起吧。

1982 重组胰岛素

1982 年美国首先将重组胰岛素投进市场，标志着世界上第一个基因工程药物的诞生。细菌是生产蛋白药物最好的生物反应器。

凡事都要一分为二嘛，细菌的作用可是很大的！

呵呵，原来我一直对细菌持敌对态度，没想到它……

基因重组

利用细菌基因重组技术，可以实现：

1. 对化学方法难以合成的中间体进行合成；

2. 使微生物产生新的合成途径；

3. 利用微生物产生的酶对药物进行化学修饰；

4. 生产天然稀有的医用活性多肽或蛋白质等。

利用环境微生物基因工程技术治理环境污染、遏制生态恶化的趋势、促进自然资源的可持续开发利用，是一条最安全、最彻底消除污染的行之有效途径。

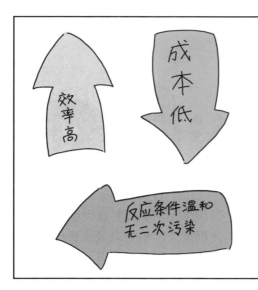

与化学、物理等其他技术比较而言，环境微生物基因工程技术具有效率高、成本低、反应条件温和及无二次污染等突出优点，同时还可增强自然环境的自我净化能力。

在发酵工业上，利用生物技术构建的品质优良的食用乳酸杆菌可提高生产菌在食品发酵过程中的稳定性，改善发酵食品的质量且降低了成本，具有巨大的经济价值与社会效益。

近年来基因工程的研究为微生物遗传改良提供了十分有效的手段，使农业微生物发展成为生命科学领域中最活跃、最具创新性的前沿阵地之一。

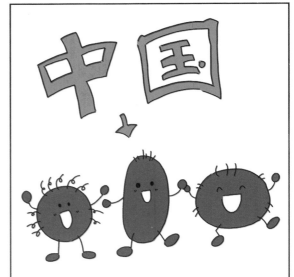

目前，中国是世界上农业重组微生物环境释放面积最大、种类最多及研究范围最广的国家。

所以，细菌工程对于农业生产来说也有很大影响喽！

对！各类农业微生物的应用是实现农业可持续发展与保护生态环境的有力保证。

2. 细菌基因工程的表达系统

细菌基因工程

1. 外源基因
2. 表达载体
3. 宿主细菌

外源基因的表达水平既与基因的来源、基因的性质以及载体有关，也与宿主细胞有关。

使克隆的外源基因在宿主细胞中高效表达，首先需构建专门的表达载体，用来控制转录、翻译、蛋白质稳定性及克隆基因产物的分泌等。

所以说，大肠杆菌是目前研究最深入、使用最广泛的基因工程宿主菌。

基因工程的宿主细胞多种多样，但是，目前大多数重组 DNA 技术生产的蛋白产品均是在大肠杆菌中合成的。

3. 改善基因工程菌不稳定性的"五计"

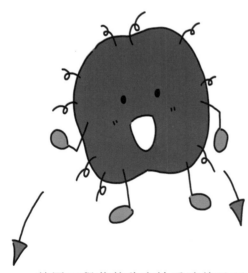

那主要应该采取什么措施呢？

基因工程菌的稳定性受遗传及环境两方面的控制，所以，我们应该采取一些对策，来改善基因工程菌的不稳定性。

1. 改进载体宿主系统。相同细菌的不同菌株，有时会对同一种重组质粒表现出不同程度的耐受性，因此，直接选择较稳定的受体菌，往往可以达到事半功倍的效果。

2. 施加选择压力。利用载体质粒上原有的遗传标记，能够在工程菌发酵过程中，有选择性地抑制丢失重组质粒的细胞生长，从而提高工程菌的稳定性。

3. 控制外源基因过量表达。外源基因的过量表达是导致工程菌不稳定性的原因之一。

4. 优化培养条件。培养条件是影响工程菌稳定性的一个重要因素，其中，以培养基组成、培养温度以及细菌比生长速率最为重要。

5. 固定化技术是从 20 世纪 60 年代酶学领域发展起的新技术，它是通过物理或化学的方法，将水溶性的酶、活细胞或原生质体与水不溶性载体结合，使酶、活细胞或原生质体固定在一定的空间范围内，进行催化反应或进行生命活动的技术。

4. 细菌基因工程的实践形式

老兄，说说都哪 3 种吧？

基因工程的实践主要包括 3 种表现形式。

其一，改造细菌使之性状能够得到遗传改良，获得更好的应用效果。例如，杀虫、固氮等，在这种情况下，基因工程的产品仍是细菌本身。

其二，制作生物反应器，利用细菌可以生产某种物质。最典型的为大肠杆菌反应器，用来生产多种酶类与多肽。其基因工程的产品是产物而不是基因工程菌体本身。

细菌本身是基因工程的产品，感觉很有趣啊！

"中间状态"，这是什么意思？

另外，还有一种中间状态。

其三，还有一种中间状态。这种形式是指基因工程改造的是细菌本身，但是，需要的是产物或者改造的产物，一般为得到某些高表达量的细胞内代谢产物，会对某些细菌进行必要的遗传学改造。

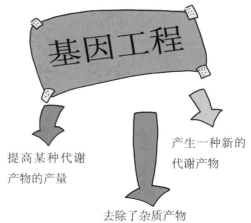

提高某种代谢产物的产量

去除了杂质产物

产生一种新的代谢产物

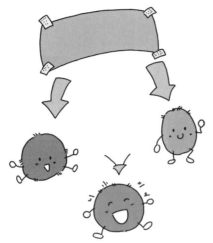

现在人们可将源于微生物、动物、植物甚至源于人类的基因，转移至诸如大肠杆菌、枯草芽胞杆菌等细菌中，获得了种种具有特殊能力的基因工程细菌。

这些基因工程细菌在过去的十几年内开始大量应用于卫生、农业、工业、环境保护等诸多行业与领域，产生了巨大的经济效益与社会效益。

5. 微生物基因工程农药的 "show time"

近年来，微生物基因工程农药的研究较为活跃，并且先于抗病虫转基因植物进入了实用化阶段。

这一进步显示出生物技术，用于生物防治微生物遗传改良的巨大潜力，并且为新一代微生物农药的进一步研究与开发奠定了基础。

云金芽胞杆菌基因工程以及应用苏云金芽胞杆菌是现在国内外产量最大、应用范围最广的微生物杀虫剂。

通过基因工程改造的杀虫剂可以增强杀虫毒力，拓宽杀虫范围，延长持效期，克服可能出现的昆虫抗性。

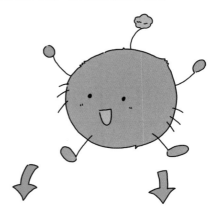

农用抗生素具有杀虫、杀螨、杀线虫或者杀真菌活性。在利用基因工程进行抗生素的人工改造方面，已经有了很多成功的范例。

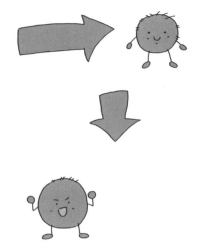

微生物种类众多，生物性状丰富，构建出的杀虫抗病重组菌也十分多。包括生物囊杀虫剂、基因工程抗病菌及杀虫抗病工程菌等。

另外，很多细菌具有杀死或者抑制植物病原菌的作用，或者具有促进植物生长的作用，或者在植物的叶面或根部具有优势的定殖能力，将杀虫基因导入这些细菌，可获得改良的杀虫细菌。

杀虫剂

生物　　基因　　杀虫

这样看来，基因工程技术对于农业发展的影响意义深远啊！

当然，现在微生物肥料也很受欢迎呢！

6. 微生物肥料的"show time"

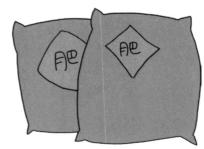

利用微生物的生命活动以及代谢产物的作用，可以改善作物养分供应，为农作物提供营养元素、生长物质、调控生长、增强抗逆性，达到增加产量、改善品质、减少化肥使用、提高土壤肥力的一类生物制品便是微生物肥料。

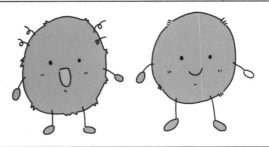

固氮菌，主要利用自身的固氮能力，将大气中的氮气转变成植物可吸收利用的铵盐等氮源。

解磷菌，主要利用巨大芽胞杆菌，将土壤中不溶性磷转变成植物可吸收利用的可溶性磷酸盐。

解钾菌，主要是胶质芽孢杆菌，可以把钾元素从不溶性含钾矿石中释放出来，以供植物吸收利用。

增产菌，是植物根系促生菌或者植物根圈促生细菌，也叫"增产菌"或者"多效菌剂"，这是一类能够在植物根部大量定植的有益菌群，它们能够抑制植物病原菌生长。

VA菌根真菌，这是一类与植物根系共生的真菌，帮助植物吸收多种矿质营养成分，尤其是磷素营养。

腐熟剂，腐熟剂主要是指加速高分子有机物分解为小分子养分物的腐生菌。

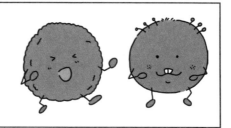

光合细菌，如红螺菌等，它们能够为作物提供部分碳源及一些有益的代谢物。

复合菌肥，即将以上菌肥的两种或者多种混合施用，能够产生比单独施用更好的效果。

7. 环境微生物基因工程菌的"show time"

老兄，举个例子吧。

基因工程菌除了在农业上可以大显身手外，它在保护环境上的表现也不容小觑。

那我们就看看环境微生物基因工程菌的应用吧。

目前，环境微生物技术及其相关产业，已经成为各国乃至全球经济发展中的一个新的经济增长点。

微生物对重金属的生物富集作用：主要包括表面吸附、固定与吸收等。目前已经有研究者利用细菌表达金属硫蛋白 MT，提高其固定污染土壤中游离重金属离子的能力。

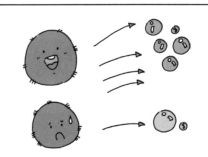

很多微生物在实验室条件下能够高效降解污染物，但在自然条件下却不能够很好地发挥作用。通过基因工程的手段增强或者增添菌株的污染物降解能力，能够使其在工业或多种污染物混合环境中，发挥生物解毒或者降解功效。

造纸工业中，木聚糖酶高效表达工程菌的应用，使得生物漂白技术，逐步代替化学漂白法，这是目前造纸工业实现清洁生产的一个最重要突破方向。

微生物在脱硫的同时，并不降低柴油的热值与汽油的辛烷值，因此，可以用于石油污染的生物整治。

微生物

农药残留微生物降解技术，是针对农业生产过程中杀虫剂等化学农药的大量施用，造成农产品及农业生态环境中，农药残留严重超标等严重情况，进行有效降解的技术。

怎么样，基因工程菌在保护环境方面的贡献不小吧！

嗯，的确是，还真不能小看它啊！

8. 酵母基因工程的优雅魅力

酵母基因工程相对于应用成熟的原核生物基因工程而言，表现出一些优点，我们一同来看下吧。

呵呵，很期待呀！

安全一直是公众关注的焦点啊！

酵母可以像细菌一样，在廉价的培养基上高密度培养，因此，能够大规模生产，具有降低基因工程产品成本的潜力。

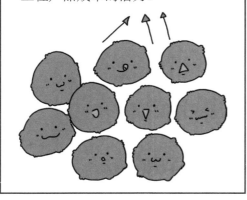

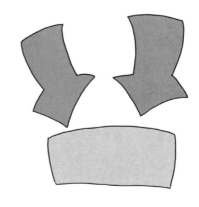

将原核生物中已知的分子及基因操作技术与真核生物中复杂的转译后修饰能力相结合，可便于外源基因的操作。

采用高表达的启动子，如MOX、AOX、LAC4等基因的启动子，能够高效表达目的基因，而且可诱导调控。

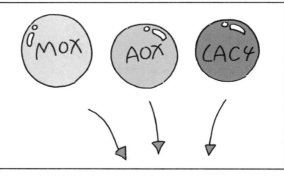

作为真核生物，提供了翻译后加工与分泌的环境，使得产物与天然蛋白一样或者类似。

酵母菌可以将表达的外源蛋白与N-末端前导肽融合，指导新生肽分泌，同时在分泌过程中，可以对表达的蛋白进行糖基化修饰。

不会形成不溶性的重组蛋白包涵体，方便进行分离提纯。

酵母菌的分子生物学研究取得了重大进展，已经完成全基因组测序，它具有比大肠杆菌更加完备的基因表达调控机制及对表达产物的加工修饰与分泌能力。

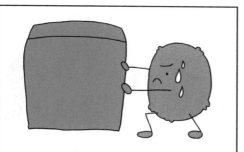

酵母还能像高等真核生物一样移去起始甲硫氨酸，这避免了在作为药物使用中引起免疫反应的问题。

嘿嘿，长江后浪推前浪嘛！

之前大肠杆菌可是这方面的佼佼者啊！

9. 酵母基因工程的发展现状

既然酵母基因工程有很多优点，自然很受人们欢迎吧。

嗯，没错，让我们来看一下它目前的发展现状吧。

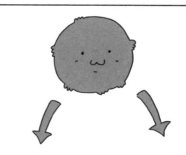

目前，酵母基因工程的应用主要体现在两方面：一是改造酵母本身以提高发酵性能；二是利用酵母作为宿主表达异源蛋白。

酿酒酵母的应用已经有很悠久的历史，但是现代酿造技术主要着眼于提高质量、降低成本，例如，安全性要求、产品质量要求及生产成本低廉的要求等。

要解决这些问题必须要综合考虑，因此，关于酿酒酵母的改造研究取得了很多新的进展。

主要表现在以下几个方面。

1. 将葡萄糖淀粉酶基因导入酿酒酵母。

2. 将外源的蛋白水解酶基因导入酿酒酵母。

3. 将 β－葡聚糖酶基因导入酵母。

4. 将 ATP 硫酸化酶与腺苷酰硫酸激酶基因，在酿酒酵母体内表达。

5. 将人血清蛋白的基因转化到酿酒酵母中。

酵母表达异源蛋白包括表达水平与表达质量两个方面。

酵母表达系统一般用于表达外源基因，表达水平的高低与其应用价值直接相关。大量用于农业、食品加工上的产品，由于其用量大、产品附加值低，至少需要每升发酵液产生几克以上的产物表达水平才能够开发成产品。

因此，表达水平的提高是酵母表达系统重要的技术研究内容。

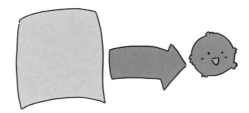

除了表达水平外，外源基因表达质量的高低，也直接关系到酵母表达系统的应用价值。对于工农业用蛋白制剂，必须要保证表达产物的酶学性质有利于应用，否则酵母表达系统便会失去了应用价值。

看来，表达质量也很重要嘛！

10. 酵母基因工程的发展趋势

了解了酵母基因工程的优点和发展现状后，我们再来看看它的发展趋势吧。

1. 酵母基因工程还有很多需要完善的地方，我们要努力解决酵母基因工程中存在的缺陷。

2. 酵母基因工程独有的特性与优点，必将会鼓舞一些研究，向人类基因组研究领域的深入。

3. 利用酵母基因工程能够筛选更多的新药。

4. 能源危机，促使人们探索可再生的能源，将与纤维素及半纤维素降解有关的基因导入酿酒酵母，使之利用自然界大量存在并且可再生的纤维素与半纤维素类物质生产酒精，进一步降低酒精生产成本。

5. 如何将联合基因引入且不超出酵母的生理承受极限的研究，将会日益引起人们的重视。